mr.jam

미스터잼의
건강잼
10분 레시피

미스터잼의 건강잼 10분 레시피

ⓒ 배필성 2014

초판 1쇄   2014년 11월 15일
초판 5쇄   2019년 3월 6일

지은이   배필성

출판책임   박성규
편집주간   선우미정
편집   박세중·이동하·이수연
디자인   조미경·김원중·김정호
영업   이광호
경영지원   김은주·장경선
제작관리   구법모
물류관리   엄철용

ISBN   978-89-7527-014-7 (13590)

펴낸이   이정원
펴낸곳   도서출판 들녘
등록일자   1987년 12월 12일
등록번호   10-156

주소   경기도 파주시 회동길 198
전화   031-955-7374 (대표)
            031-955-7381 (편집)
팩스   031-955-7393
이메일   dulnyouk@dulnyouk.co.kr
홈페이지   www.dulnyouk.co.kr

CIP   2014031232

이 도서의 국립중앙도서관 출판예정도서목록(CIP)은 서지정보유통지원시스템 홈페이지(http://seoji.nl.go.kr)와
국가자료공동목록시스템(http://www.nl.go.kr/kolisnet)에서 이용하실 수 있습니다.

미스터잼의 건강잼 10분 레시피

배필성(미스터잼) 지음

들녘

차례

잼을 알아야
건강한 잼을 만든다

건강한 잼 만들기 13

잼의 3요소: 산, 당, 펙틴 15

잼 만드는 도구 19

도구 사용법 25

유리병 건조, 진공과 살균 27

잼 만들기 과정 33

미스터 잼의
수제잼 만들기 공식

과일잼 만들기 공식 43

채소잼 만들기 공식 47

나물잼 만들기 공식 48

단백질·전분류가 주성분이 되는 잼 만들기 공식 49

추출잼 만들기 공식 50

미스터 잼의 잼 만들기

과일잼 만들기 54

블루베리잼 | 라즈베리잼(&장미잼) | 파인애플잼 | 바나나잼

채소잼 만들기 90

파프리카잼 | 청양고추잼 | 오이잼 | 마늘잼

나물잼 만들기 124

고사리잼 | 취나물잼

분말잼 만들기 142

소금잼 | 메밀잼

곡물잼 만들기 160

쌀잼(밥잼) | 검은콩(흑태) 잼

별미잼 만들기 178

막걸리잼 | 미역잼 | 홍새우잼 | 두부잼 | 홍합잼 | 커피초코잼

식품회사에서 7년 여를 근무하고, 직접 잼을 연구하고 제 이름으로 잼을 판매한 지도 어느덧 5년이 됐습니다. 5년이라는 시간은 회사를 운영하며 많은 것을 경험하기에 짧은 시간처럼 보일지 모르겠습니다. 하지만 직원 수백 명이 모여 공정을 세분화하여 잼을 만드는 대기업과 달리 저는 1인 기업으로 활동하며 레시피 개발에서부터 잼 만들기, 마케팅까지 두루 섭렵하다 보니 5년 동안 이전에 알지 못했던 잼과 관련된 흥미로우면서도 의미심장한 현상과 사실들을 발견하게 되었습니다. 그리고 잼에 대한 소비자들의 인식, 특정 잼에 대한 선호 현상을 관심 있게 지켜보다가 한국인의 입맛에 맞춘 새로운 잼을 만들어 출시하게 되었습니다. 현장에서 소비자분들의 이야기를 경청하고, 레시피에 반영하고, 새로운 맛을 만들어내는 일은 생각보다 고되고 험난했습니다. 하지만 하나둘 결과물을 축적하고 소비자분들의 열렬한 반응을 확인할 때마다 벅찬 감흥에 젖어들곤 했습니다. 이 책에서 그동안 제가 만들고, 주위에서 호응이 높은 잼을 선별해서 여러분께 소개해드리려고 합니다.

하지만 단순히 맛있는 잼이 무엇인지, 몸에 좋은 잼이 무엇인지, 어떻게 만드는지에 대해서만 이야기를 한정하고 싶지 않습니다. 양파잼, 고사리잼, 마늘잼, 소금잼, 홍합잼 등 다양한 재료로 잼을 만드는 과정에서 잼의 종류마다 맛과 향을 결정짓는 특정 방식이 있다는 것을 발견했습니다. 즉 과일잼, 나물잼, 채소잼, 분말잼 등 종류별로 잼을 만들기 위해서 재료에 따라 배합 방식을 달리하면 맛과 영양, 두 마리 토끼를 잡을 수 있는 방법이 있습니다. 이 방법만 터득하면 여느 잼 조리 책에서와 같이 규격대로 정해진 레시피에 의존하지 않더라도 여러분 자신의 취향에 맞춘(식감, 농도 등) 능동적인 잼 만들기가 가능합니다. 일종의 잼 만들기에 대한 개념이 정립되는 것입니다.

학창 시절에도 경험해보셨겠지만, 공식이란 것이 영어 단어 외우듯 달달달 외운다고 자기 것이 되지 않습니다. 공식은 외우는 것이 아니라 이해하는 것입니다. 맛과 영양을 갖춘 잼을 만들기 위해서는 잼에 대한 이해가 필요합니다. 잼을 이루는 세 가지 주요 요소가 무엇인지에서부터 시작해서 잼을 만들 때 필요한 기구(냄비, 주걱 등)는 어떤 것이 좋은지 차근차근 밟아가야 합니다. 또한 여러분은 제가 축적한 노하우, 잼에 대한 이론과 오해도 살펴보실 겁니다. 그런 다음 제가 정리한 레시피를 접하면 손쉽게 수제 잼을 만들 수 있습니다. 기초부터 단단하게 다지다 보면 잼 만들기 공식은 외우는 것이 아니라 이해하는 것이라는 것을 깨닫게 될 겁니다. 외우지 않고 이해를 하면 제가 소개하는 공식을 바탕으로 여러분 또한 자신만의 고유한 잼을 만들고 싶은 욕구가 마구마구 샘솟을 겁니다.

헌데 내용이 너무 딱딱하고 어렵지 않을까 걱정스럽다고요? 잠시 제가 재미난 퀴즈를 하나 내보겠습니다. 대한민국에서 잼을 가장 많이 구매하는 사람은 누구일까요? 바로 20~30대 여성입니다. 그럼 반대로 잼을 가장 경계하고 꺼리는 사람은 누구일까요? 아이러니하게도 20~30대 여성입니다. 즉 바쁜 직장여성이나 어린 자녀를 둔 여성 모두에게 잼은 굉장히 매력적인 식료품이면서도 반대로 다이어트를 방해하는 설탕덩어리, 맛은 좋으나 성장기 아이들에겐 백해무익한 음식으로 인식되고 있습니다. 잼을 만드는 제가 가장 안타까워하는 것이 바로 이러한 선입견입니다. 어느 재료를 쓰느냐에 따라 잼은 영양이 듬뿍 담긴 음식이

되기도 하고, 불량식품이 되기도 합니다. 여성분들의 잼에 대한 오해는 높은 장벽처럼 단단해 보입니다. 사실 그럴 만도 한 것이 잼에 대한 이론과 편견을 짚어준 책은 없었지요. 저는 이러한 여성분의 눈높이에서 제 이야기를 들려드릴 참입니다. 꼭 알아야 할 잼의 상식을 먼저 설명하고, 이 책을 읽는 독자 누구나 맛과 영양만큼은 염려하지 않고 가족들과 함께 먹을 수 있는 잼을 만드는 방법을 소개해드리겠습니다.

본격적인 잼 이야기에 들어가기에 앞서 먼저 저 '미스터잼'이 여러분에게 선보일 잼을 명쾌하게 말씀드리겠습니다.

하나, 설탕 없이도 당도와 영양을 유지하는, 웰빙 잼
둘, 우리 동네 마트에서 손쉽게 구할 수 있는 재료로 만드는, 손쉬운 잼
셋, 나와 우리 가족의 건강에 도움이 되는, 맞춤 잼
넷, 빵이나 크래커에 발라 먹는 용도 외에 다른 요리에도 소스처럼 활용할 수 있는, 멀티 잼
다섯, 지금 바로 먹을 분량을 10분 안에 뚝딱 만드는, 신선한 잼

자, 그럼 '미스터잼' 스타일의 잼 만드는 여행을 시작해볼까요?

mr.jam

일러두기

각 잼의 재료에 대한 원산지, 영양소 함량 정보(100g당 열량, 단백질, 지방, 탄수화물 등)는 '식약처 식품영양성분데이터베이스'를 참고하여 표기했습니다.

1
잼을 알아야 건강한 잼을 만든다

건강한 잼 / 만들기

제가 말씀드릴 '건강한 잼' 만드는 방법은 크게 두 가지로 나뉩니다.
첫째, 가열시간을 짧게 하는 방법, 둘째, 설탕을 사용하지 않는 방법입니다.

먼저 가열시간을 짧게 하는 방법에 대해 자세하게 살펴보겠습니다. 가열시간을 짧게 하면
왜 건강한 잼이 될까요? 이유는 간단합니다. 식재료에 함유된 영양소는 가열시간이 길수록
많이 파괴됩니다. 채소는 원재료 그대로 혹은 끓는 물에 살짝 익혀서 먹는 것이 영양분 손
실 없이 섭취할 수 있다는 말은 한두 번쯤 들어보셨을 겁니다. 잼을 만들 때도 마찬가지입
니다. 짧은 시간 안에 가열하고 잼을 완성하는 것이 중요합니다.
가열시간을 짧게 해서 잼을 만든다는 말은, 바꿔 말하면 준비해놓은 과일 및 식재료들이
가지고 있는 수분을 빠른 시간 내에 증발해야 한다는 뜻입니다. 그렇게 하기 위해서 꼭 알
아둬야 할 것이 있습니다.

① 입구가 좁고 깊은 냄비보다는 입구가 넓고 낮은 냄비를 사용합니다.
② 잼을 만들 때 한 번에 많은 양을 만들 것이 아니라 100~200g 정도 분량을 만듭니다.(소
   량의 잼을 만들게 되면 소량의 수분만 증발해서 잼을 빨리 만들 수 있습니다.)
③ 잼을 만드는 동안 화력은 센 불을 유지합니다. 하지만 타거나 눌어붙지 않도록 빠르게
   골고루 잘 저어주어야 합니다.(일반적으로 저어주는 방법이 익숙하지 않으면 끓고 난 다음 중간
   불로 줄여서 만들어도 됩니다.)

자, 그럼 두 번째. 설탕을 사용하지 않는 방법을 살펴볼까요?

잼을 만드는 데 필요한 당은 주로 설탕을 사용하게 됩니다. 하지만 제가 이 책에서 소개하는 모든 레시피에 사용하는 당은 '프락토올리고당'이라는 기능성 당입니다. 프락토올리고당은 체내 칼슘의 흡수를 돕고, 장내 유익균의 먹이가 되어 장을 건강하게 하는 데 도움이 됩니다. 또한 몸에 흡수가 되지 않고 배출됩니다. 당에 대해 좀 더 궁금하신 분들도 계실 텐데, 바로 다음 장 '잼의 3요소'에서 좀 더 자세하게 소개해드리겠습니다.

TIP ▶▶▶ 식품공전의 잼과 '미스터잼'의 잼

우리나라의 식품 또는 첨가물의 제조, 가공, 조리 및 보전의 방법에 관한 기준 등을 고시한 것을 식품공전(Korean Food Standards Codex)이라고 합니다. 식품공전에는 잼은 파일이나 채소류를 당류와 함께 젤리화 또는 시럽화한 것이라 정의 내리고, 채소나 파일은 생물을 기준으로 40% 이상(딸기 이외의 베리류 또는 감귤류는 30% 이상) 함유되어야 한다는 조건이 있습니다. 제가 이 책에서 여러분께 소개해드릴 잼들이 모두 식품공전의 조건을 충족한다고는 할 수 없습니다. 예를 들어 청양고추잼을 만들 때 청양고추를 40% 이상 넣게 된다면 맛이 어떨까요? 아마 매운맛 때문에 쉽게 먹을 수 없을 겁니다. 하지만 미스터잼의 잼은 식품공전에서 제시한 당침과 가열을 통해 젤리화, 시럽화한 방법과 영양분을 함유한 식품에 초점을 맞추고 있습니다.

잼의 3요소 / 산, 당, 펙틴

잼을 만들기 전에 꼭 알아두어야 할 것이 바로 잼의 3요소입니다. 제가 레시피를 소개하고, 만드는 방법을 알려드릴 때마다 빠지지 않고 등장하는 삼총사입니다. 이 장에서 산, 당, 펙틴에 대한 개념을 세우면 잼에 대한 이해의 폭이 순식간에 넓어지게 됩니다. 잼의 3요소는 수학으로 치면 사칙연산(덧셈, 뺄셈, 곱셈, 나눗셈)이라고 할 수 있습니다. 사칙연산을 깨치면 기본적인 공식을 알게 되고 함수로까지 발전하듯이 잼의 3요소를 알면 능동적으로 잼을 요리하게 됩니다.

잼의 3요소는 산, 당, 펙틴입니다. 간단하게 정의하자면 '산'은 신맛을 내는 모든 물질, '당'은 단맛을 내는 모든 물질, '펙틴'은 잼으로 응고할 수 있는 응고제라고 설명드릴 수 있습니다. 이 3요소를 조금만 더 자세하게 살펴보겠습니다. 3요소를 자세히 설명을 드리려는 까닭은 세 가지 특징을 파악하면 자신의 입맛에 맞춰 잼을 만들 수 있기 때문입니다.(단맛이 덜한 잼, 신맛을 좀 더 살린 잼, 농도가 진한 잼 등.)

산(레몬주스 혹은 레몬즙/ 구연산/ 사과식초)

잼을 만들 때 가장 많이 사용하는 산은 바로 레몬주스(레몬즙)입니다. 대형마트나 식자재마트에서 쉽게 구할 수 있는 "레이지레몬주스"가 대표적이지만, 레몬을 직접 즙을 짜내어 사용하기도 합니다. 하지만 잼이라는 것은 원료의 특성에 맞춰 만들어야 하기 때문에 산 또한 종류별로 특성에 맞게 활용해야 합니다. 잼을 만들 때 사용하는 대표적인 세 가지 산에는 레몬주스(레몬즙), 사과식초, 구연산이 있습니다.

레몬주스

레몬주스는 산도를 조절해주는 역할뿐 아니라 레몬 자체의 향과 원재료(과일, 채소)가 어울려 향의 농도를 좀 더 진하게 하면서 독특한 맛을 내게 합니다. 일반적으로 과일이 주재료가 되는 잼을 만들 때 사용합니다.

구연산

잼에 강한 신맛을 더하고 드라이한 느낌을 주기 위해 많이 사용합니다. 파프리카잼이나 피망잼 등 식재료 자체에는 비릿한 맛이 없지만 가열과정에서 비릿한 맛이 생기거나 자체 향이 강할 때 구연산을 넣어주면 좋은 효과를 볼 수 있습니다.

사과식초

사과식초는 구연산의 드라이 한 맛과 레몬주스의 부드러운 맛의 중간 정도의 닷을 냅니다. 일반적으로 비린 맛을 잡는 데 많이 사용됩니다. 고사리잼, 소금잼 등을 만들 때 사용합니다.

사과식초 ← 레몬주스 / 구연산

당

흔히 잼을 만들 때 대표적으로 사용하는 당이 설탕입니다. 설탕은 사탕수수에서 추출해서 만들고, 당도 기준으로 100brix(브릭스)이며 가루 형태라는 특성이 있습니다. 설탕 외에 올리고당, 과당, 자일리톨, 과일주스 등의 재료도 잼을 만들 때 대체 당으로 사용됩니다.

하지만 제가 사용하는 당은 프락토올리고당입니다. 수많은 실험을 하고 고심 끝에 프락토올리고당을 선택하게 되었습니다. 그럴 만한 이유가 있습니다.

첫째, 설탕 맛에 가장 가까운 당입니다.

둘째, 몸에 흡수가 되지 않고 대부분 배출
됩니다.

셋째, 칼슘의 흡수를 돕습니다.

넷째, 장내 유익균의 먹이가 되어 장을 건
강하게 합니다.

다섯째, 식이섬유가 풍부하게 들어 있습니다.

물론 프락토올리고당은 장점만 있는 것은
아닙니다. 과다하게 섭취하면 속이 더부룩
할 수 있습니다. 하지만 잼은 빵이나 다른
음식에 곁들여 먹기 때문에 맨입으로 잼을
서너 병 먹는다면 모를까 프락토올리고당
을 과하게 섭취하는 일은 드뭅니다.

프락토올리고당

펙틴

펙틴

펙틴이라는 이름만 들으면 왠지 몸에 좋지
않은 첨가물 같은 느낌이 들죠? 워낙 식재
료에 대한 사건과 사고에 대한 부정적인 뉴
스가 많이 나오기 때문이 아닐까 생각이 드
는데, 펙틴은 잼을 만드는 데 꼭 필요한 잼
의 3요소 중 하나입니다. 펙틴은 잼의 형태
를 만들어주는 응고제입니다. 쉽게 말하면
탄수화물 덩어리로 생각하면 됩니다. 탄수
화물이라고 하면 비만을 불러일으키지 않
을까 걱정이 드실 텐데, 잼을 만드는 전체
재료량의 약 0.3~0.5%밖에 되지 않으니까
염려하지 않으셔도 됩니다.

펙틴이 제 역할(응고)을 하기 위해서는 산과
당이 먼저 환경을 만들어줘야 합니다. 산
기준으로 ph 2.8~3.5, 당 기준으로는 65brix
이상이면 펙틴이 활성화될 수 있는 최적의
조건을 갖췄다고 할 수 있습니다.

펙틴은 달지 않은 상태, 즉 덜 단 상태에서
잼이 질리화되는 것을 돕습니다. 또 펙틴을
넣으면 오래 가열하지 않아도 되기 때문에 영
양소가 파괴되는 것을 최소화할 수 있습니
다. 과일 양을 많이 넣어도 질리화할 수 있기
때문에 풍부한 과일향도 즐길 수 있습니다.

TIP ▶▶▶ 펙틴에 거부감을 느끼는 사람을 위한 잼 조리법

팩틴은 잼을 만드는 데 필요한 재료입니다. 하지만 거부감을 느끼는 분들을 위해 펙틴을 사용하지 않는 방법을 소개해드립니다. 설탕을 많이 넣거나 오래 가열해주는 방법이 있긴 하지만, 영양분 손실 등을 생각하면 추천해드리기 꺼려집니다. 소개드릴 만한 방법은 천연 펙틴 성분을 많이 함유한 과일을 활용하는 것입니다. 대표적인 재료가 바나나와 감귤의 껍질 안쪽의 흰 부분입니다. 바나나를 사용하면 바나나를 가열할 때 느껴지는 거북한 맛이 잼의 관능(맛)을 해칠 수 있어 계피가루를 함께 넣어줘야 합니다. 하지만 계피가루가 어두운 갈색 빛을 띠어 잼 색상이 탁해질 수 있습니다. 감귤 흰 껍질을 사용하면 감귤 껍질의 떫은맛이 잼에 스며들 수 있습니다. 배즙(또는 배 농축액), 생강즙을 소량으로 첨가하면 완전히 제거할 수 없지만 떫은맛을 완화할 수 있습니다.

잼 만드는 도구

주걱과 냄비

"레시피대로 했는데, 왜 자꾸 엿맛이 나는 거야?"

집에서 잼을 만들어보신 분들은 한 번쯤 의문에 빠진 적이 있을 겁니다. 그 이유는 바로 '당'이 타기 때문입니다. 그렇다면 당은 왜 타는 걸까요? 끓는 동안 주걱으로 어깨가 빠져라 저어주었는데 말이죠. 그 이유는 골고루 그리고 충분히 저어주지 못했기 때문입니다. 풀풀 끓는 불 위에서 조금이라도 주걱을 저어주는 속도나 범위가 달라지면 당이 한곳에 고여 있게 됩니다. 그 시간 동안에도 가열은 진행되기 때문에 미세하게 당이 타들어가면서 '엿맛'이 발생하게 됩니다. 저 또한 직화방식(불을 직접 가하는 방식)으로 잼을 만들기 때문에 당이 타는 것을 완벽하게 막을 수는 없습니다. 하지만 당이 타는 것을 줄여주는 방법이 있습니다.

바로 즈걱과 냄비가 해결책이 됩니다. 똑같은 재료를 쓴다고 해도 어느 주걱과 냄비를 쓰느냐에 따라 여러분이 만드는 잼의 퀄러티가 달라집니다. 그만큼 잼을 만드는 도구가 중요합니다.

그럼 먼저 주걱에 대해 알아볼까요? 주걱은 반드시 바닥 끝부분이 '―(한 일)' 자로 된 것을 사용해야 합니다.

왜 둥글게 생긴 주걱을 쓰면 안 될까요? 바로 '―' 자로 된 주걱으로 저어줘야 냄비 바닥의 넓은 면적까지 긁어주어 당이 한곳에 머무는 것을 막을 수 있기 때문입니다. 다음 페이지의 아래에 있는 둥근 주걱은 잼을 만들 때 절대 사용해서는 안 됩니다.

주걱은 모양 못지않게 재질 또한 중요합니다. 저는 나무재질로 된 주걱을 추천합니다. 당은 기본적으로 성질이 끈적끈적합니다. 단순히 당을 섞어준다고 잼이 만들어지지 않습니다. 재료를 가열할 때 바닥까지 긁어야 합니다. 그래야 당이 타는 것을 막을 수 있습니다.

만약 스테인리스 재질의 주걱으로 바닥을 긁어주면 어떨까요? 매번 바닥과 주걱이 마찰하는 소리가 상당히 거슬릴 겁니다. 실리콘주걱을 써도 되지 않느냐고 반문하시는 분도 계신데요, 실리콘주걱은 재질이 믿을 만하지만 주걱 끝부분에 충분히 힘이 전달되지 않습니다.(다만 실리콘주걱은 잼을 다 만들고 나서 냄비 안에 남은 잼을 한곳으로 긁어모을 때 사용하면 좋습니다.) 여러 모로 생각해보면 나무주걱이 가장 적합합니다.

주걱 못지않게 중요한 도구가 바로 냄비입니다. 냄비의 옆면과 바닥면이 만나는 각도가 둥글면 안 됩니다. 반드시 90도로 각이 잘 잡힌 냄비를 사용해 합니다. 아무리 'ㄴ'자로 된 주걱을 쓴다고 해도 냄비의 옆면과 바닥면의 각도가 둥글다면 주걱이 닿을 수가 없습니다. 하지만 직각 형태의 냄비를 쓰면 주걱이 안 닿는 곳 없이 골고루 충분히 저을 수 있습니다. 반드시 직각 형태의 냄비를 준비하시기 바랍니다.

냄비의 재질에 대해서도 알아보겠습니다. 일반적으로 잼을 만들 때 동냄비(구리로 만든 냄비)를 선호하는 분이 의외로 많습니다. 하지만 가격도 고가이거니와 잼을 만드는 용도로는 적합하지 않습니다. 바로 품온(잼이 품고 있는 온도) 때문입니다.

냄비에 있는 잼은 뜨거운 상태에서 병에 담아야 병 속의 진공을 잡을 수 있습니다. 아시다시피 구리로 만든 냄비는 열전도율이 좋습니다. 바닥과 옆면에 열이 고르게 전달되어 잼을 맛있게 만들 수 있는 장점이 있지만(물론 불 조절을 잘해야 합니다) 한두 병이 아닌 여러 개의 병에 나눠 담을 만큼의 양을 만든다면 아무래도 병에 담는 시간 동안 온도가 다른 냄비에 비해 빠르게 떨어질 수밖에 없습니다.

일차주걱(OK!)

둥근주걱(NO!)

직각 냄비(OK!)

만약 적은 양의 잼을 만든다면 동냄비를 권해드리지만, 잼의 양이 많으면 스테인리스 냄비가 적당합니다. 알루미늄냄비는 잼을 만들 때 첨가되는 산에 의해 부식될 가능성이 있고, 라면을 끓여 먹을 때 자주 사용하는 양은냄비는 열을 너무 빨리 전달해서 엿맛이 발생할 수 있습니다.

저울

잼을 만들려면 보통 두 가지 저울이 필요합니다. 1g 단위로 측정할 수 있는 저울, 0.1g 단위로 측정할 수 있는 저울이 있어야 합니다. 과일, 올리고당, 레몬주스 등은 1g(최대 2~5kg 측정 가능) 단위로 측정하는 저울로 측정하고, 잼에 극소량으로 투입되는 펙틴은 0.1g(최대 500g~1kg 측정 가능) 단위로 측정하는 저울로 정확하게 측정해야 합니다. 사실 과일, 올리고당, 레몬주스는 정해진 분량에서 5% 내외로 차이가 나더라도 맛이 크게 차이 나지 않지만, 펙틴은 정해진 양에서 1%만 달라져도 잼의 농도에 큰 영향을 미칩니다. 때문에 0.1g 단위를 측정할 수 있는 저울은 꼭 필요합니다.

● 답례품으로 잼을 만들거나 상업적으로 대량 생산을 고려하는 분들은 10g 단위 측정, 30kg까지 측정이 가능한 저울을 추가로 구매하시면 작업하기 편리합니다.

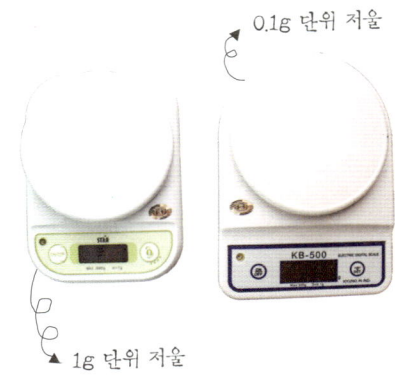

0.1g 단위 저울

1g 단위 저울

볼

재료를 손질하거나 저울에 재료의 무게를 측정할 때 볼을 사용합니다. 잼을 만들 때 크기가 다른 볼이 두 개 이상 필요합니다. 재질은 스테인리스가 좋지만, 가급적 무게가 가벼운 것을 사용하는 것이 편리합니다.

분당체

분당체는 삼투압에 의한 추출방식을 응용한 잼(청양고추잼 등)을 만들 때 건더기를 건져내는 용도로 사용합니다. 분당체는 보통 거품을 걷어내는 용도로 사용하기도 하지만, 딸기잼을 제외한 대부분의 잼은 약 55~65brix(브릭스)에서 자연스레 거품이 사라집니다. 때문에 잼을 만들 때 거품을 제거하기 위해 분당체를 사용하지는 않습니다.

핸드믹서

핸드믹서는 냄비에서 해동된 과일을 분쇄하거나 풀어지지 않고 덩어리로 돌아다니는 펙틴을 깨끗하게 풀어줄 때 사용합니다. 핸드믹서를 사용하면 일반 믹서에 분쇄하고 가열하는 방식에 비해 손이 덜 가게 되어 손쉽고 편리하게 잼을 만들 수 있습니다. 핸드믹서는 가급적 속도 조절이 가능하고 힘이 좋은 것을 선택해야 합니다.

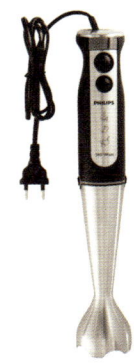

티스푼

티스푼은 펙틴을 측정할 때 덜어내는 용도로 사용하기도 하고, 저울로 측정이 어려운 소량의 계피가루, 산초가루 등을 첨가할 때 사용합니다.

실리콘주걱

재료를 볼에 담아 무게를 측정한 다음 냄비에 내용물을 긁어담을 때 실리콘주걱을 사용하면 좋습니다. 잼을 다 만들고 나서 냄비 구석구석에 남은 잼을 한곳으로 모으는 데도 편리합니다.

유리병

잼의 조리 특성상 만들자마자 뜨거운 상태에서 유리병에 담아 뚜껑을 닫아줘야 합니다. 때문에 아무 유리병이나 쓸 수 없습니다. 유리병을 선택할 때에도 유의해야 할 점이 있습니다.

첫째, 내열유리병을 사용해야 합니다. 막 만들어진 잼은 온도가 100도 안팎입니다. 그 상태에서 병에 바로 넣어야 하는데, 내열유리병이 아닌 병은 깨질 수 있습니다.

둘째, 뚜껑은 플라스틱이 아닌 철로 만든 것이어야 합니다. 색상은 금색을 제외한 유색이 좋습니다. 뜨거운 잼을 넣고 바로 뚜껑을 닫으면 유리병뿐 아니라 뚜껑으로도 곧바로 열이 전달됩니다. 플라스틱 재질로 된 뚜껑은 변형될 수 있습니다. 또한 금색으로 도금된 철 뚜껑은 뜨거운 물에 담가 놓은 살균과정에서 변색될 수 있습니다. 집에서 가족들과 먹기에는 괜찮지만, 다른 사람에게 선물을 할 때 겉으로 보기에 유리병이 헌 것처럼 보일 수 있습니다. 가급적 흰색, 검은색 등 유색 뚜껑을 사용하는 것이 좋습니다.

면장갑 및 고무장갑

뜨거운 냄비를 옮기거나 유리병에 잼을 넣을 때 면장갑을 끼고 하면 화상을 예방할 수 있습니다. 고무장갑은 살균하는 과정에서 뜨거운 물 속에 담긴 잼을 넣은 유리병을 꺼낼 때 필요합니다.

면장갑은 반드시 코팅이 없어야 합니다. 잼의 온드가 높아 코팅된 고무가 잼 병에 녹아내릴 수도 있습니다. 고무장갑은 시중에서 판매하는 것은 무엇이든 괜찮습니다.

당도계

가정에서 잼을 소량으로 만들려고 한다면 당도계가 꼭 필요하지는 않습니다. 잼을 판매하려면 제품의 안정성을 확보하기 위해 (60brix를 확보하기 위해) 사용합니다. 당도계는 가정용이 아닌, 본격적으로 잼을 만들 때 필요하다는 것 정도만 알면 됩니다.

가정용에 국한하지 않고, 잼을 전문적으로 만들어보려는 분들을 위해 당도계에 대해 조금 더 설명드리겠습니다. 당도계는 저당도계, 중당도계, 고당도계로 나뉩니다.

저당도계는 과일이나 채소류의 당도를 측정할 때 쓰이며 측정이 가능한 당도는 0~30brix입니다. 중당도계는 30~60brix까지 측정이 가능한 당도계로 잼이나 액상차류를 만들 때 식품의 안정성을 확보할 수 있을 만큼 당도가 올라가고 있는지 확인할 때 사용됩니다. 마지막으로 고당도계는 60~90brix까지 측정이 가능한 당도계로 완성된 잼이나, 액상차류 등의 당도를 최종 확인하는 용도로 사용됩니다.

잼을 만들 때 필요한 당도계는 30~60brix까지 측정이 가능한 중당도계입니다. 물론 고당도계도 있으면 더 다양한 잼을 만들 수도 있고, 완성된 잼의 당도를 확인할 수도 있습니다. 주원료가 가루 형태이거나 단백질 성분이 당도를 높여 그만큼의 안정성을 확보해야 합니다. 청양고추잼같이 추출하는 방식으로 만들 경우 잼의 당도를 측정하는 데 고당도계가 필요합니다.

당도계는 측정방식에 따라 굴절당도계와 디지털당도계로 나뉩니다. 잼 만들기에 안정적이고 손쉽게 사용할 수 있는 당도계는 굴절당도계입니다. 굴절당도계나 디지털당도계나 가격 차이가 크지는 않습니다만(중당도계 기준), 디지털 당도계는 능숙하게 사용하지 못하면 오차 범위가 커서 자칫 잼을 망칠 수도 있기 때문에 가급적 권해드리지 않습니다.

굴절당도계

도구/사용법

핸드믹서

앞 장에서 핸드믹서는 내용물을 분쇄할 때 사용한다고 말씀드렸습니다. 좀 더 구체적으로 말씀드리면 프락토올리고당과 냉동과일을 냄비에 넣고 가열하는 방법으로 해동을 한 다음, 핸드믹서로 내용물을 분쇄합니다. 이때 몇 가지 주의할 점이 있습니다.

첫째, 핸드믹서 홈이 최소 1cm 이상 덮여 있어야 합니다.

둘째, 가장 낮은 저속으로 분쇄를 시작하여 조금씩 속도를
　　　높여줍니다.

셋째, 반드시 가열을 중단한 상태에서 분쇄를 해야 합니다.
　　　가열을 중단하지 않고 핸드믹서를 사용하게 되면 기포가 믹서 속으로 들어가 모터가
　　　헛돌고 분쇄도 되지 않습니다.

당도계 보는 법

굴절당도계

내용물을 굴절판에 한 방울 떨어트린 다음 싸앗 등의 건더기가 있는지 확인하고, 덮개를 덮어 당도를 측정합니다. 밝은 곳에서 측정을 해야 굴절판이 잘 보입니다. 굴절판에 두 가지 색상이 나오는데, 두 색의 경계가 되는 지점이 현재 잰의 당도입니다.

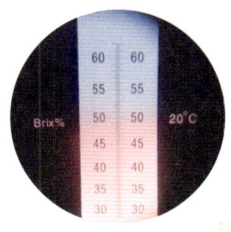

디지털당도계

당도계의 전원을 켜고 측정판에 물을 한 방울 떨어뜨리고 영점 버튼을 눌러 영점을 잡습니다. 티슈 같은 부드러운 휴지로 물기를 완전히 제거한 다음 잼 내용물을 측정판에 덜어놓고 측정 버튼을 눌러 수치를 확인합니다. (물기가 완전히 제거되지 않거나 잼의 내용물을 완전히 닦아내지 않으면 측정에 오차가 발생할 수 있습니다.)

주걱 젓는 법

잼을 만들 때 주걱 젓는 기술은 굉장히 중요합니다. '주걱을 젓는 데 기술이 필요하기까지 할까?' 생각하는 분들이 계실지 모르겠습니다. 하지만 제가 누누이 강조했다시피 똑같은 재료로 잼을 만든다고 하더라도 주걱과 냄비, 그리고 주걱을 어떻게 젓느냐에 따라 완성된 잼의 질은 천차만별입니다. 주걱 젓는 기술이 잼의 운명을 좌우합니다.

그럼 자세하게 살펴볼까요? 먼저 주걱을 앞쪽으로 약 15~20도 기울여 잡습니다.

위 아래 방향으로 바닥을 긁어줍니다. 그다음 냄비 옆면에 직각이 되도록 주걱의 각도를 조절해가며 돌려줍니다. 제가 말씀드리는 방법에 익숙해지면 센 불을 지속적으로 유지하면서 잼을 만들 수 있게 됩니다. 그렇게 되면 보다 짧은 시간 안에 잼을 만들 수 있습니다. 가열 시간이 짧아지는 만큼 시간이 단축될 뿐만 아니라 영양가 높고 신선한 잼을 즐길 수 있습니다.

TIP ▶▶▶ 주걱은 반드시 냄비 바닥면에 닿아야 합니다. 바닥을 긁어줘야 엿맛이 발생하는 현상을 최소화할 수 있습니다.

유리병 건조/진공과 살균

유리병을 건조하는 것일까, 살균을 하는 것일까?

잼 만드는 방법을 소개하는 책이나 인터넷 카페, 블로그의 글을 보면 잼을 만들기 전에 하나같이 끓는 물에 병을 삶으라고 합니다. 그렇게 하면 살균이 가능하다고 하죠.

잼을 담기 전에 병을 살균하는 것이 의미가 있을까요? 정확히 말하면 잼을 담을 유리병을 물에 삶는 것은 살균이 아니라 병을 완전히 건조하는 것입니다. 한데 한번 생각해봅시다. 갓 만들어진 잼은 온도가 대략 100도 안팎입니다. 끓는 물과 비슷한 온도를 지닌 잼을 넣는데, 별도로 병을 살균하는 것이 의미가 있을까요?

물론 병을 삶고 완전히 건조하는 일은 필요합니다. 제가 말씀드리고 싶은 것은 살균이 아니라는 사실입니다. 이렇듯 의미를 깨닫는 것이 중요한 이유는 잼을 만들 때 결정적인 오류를 범하지 않기 위해서입니다. 살균한다는 인식을 하고 이 과정에 임하다 보면 자연스레 유리병을 다 삶고 나서 건조할 때 병목(병 입구) 부분을 바닥으로 향하게 합니다. 이렇게 하면 먼지가 들어가지 않습니다. 하지만 수증기가 빠져나가지 못해 병 내부에 수분이 고이게 됩니다. 따라서 병을 삶고 나면 반드시 병목이 위를 향하게 하고, 수분이 날아갈 수 있도록 뚜껑을 열어놓아야 합니다.

그렇다면 수분은 왜 날려줘야 할까요? 수분이 없으면 미생물은 활동하기가 어려워집니다. 이를 토대로 잼을 일정 기간 동안 저장할 수 있게 됩니다. 유리병에 물이 남아 있는 상태에서 잼을 넣으면 병 속에 남아 있는 물은 잼과 섞이게 되고 당도가 떨어집니다. 그렇게 되면 미생물이 번식할 수 있는 환경이 만들어지는 셈이죠.

때문에 잼을 담기 전에 병을 건조하는 과정을 반드시 거쳐야 하지만, 이 과정을 살균이라고 하기에는 무리가 따릅니다. 깨끗하게 세척하고 완전하게 건조된 병이라면 굳이 병을 삶을 필요가 없습니다.

하지만 항상 유리병을 세척하고 건조할 순 없죠. 그럴 경우를 대비해서 병을 삶고 건조하는 방법에 대해 설명드리겠습니다.

먼저 냄비에 유리병을 넣습니다. 주의할 것은 냄비의 바닥에 병을 옆으로 뉘어주듯이 넣어주어야 합니다. 즉 병의 옆면이 바닥면에 닿아야 합니다(육각 병, 사각 병 등 각진 병은 제외). 만일 병목 부분이나 바닥면을 닿게 넣고 끓이면 온도가 올라갈수록 병이 들썩이게 되고, 파손되는 일도 벌어집니다.

냄비의 물이 끓으면서 기포들이 보다 부드럽게 빠져나갈 수 있게 하려면 둥근 옆면을 뉘어 주어야 합니다.

이렇게 병을 넣어주면서 2층, 3층으로 쌓아 한꺼번에 삶아도 아무런 문제가 없습니다. 다만 반드시 냄비 뚜껑은 덮을 수 있을 만큼 적당한 양을 넣어주셔야 합니다.

나쁜 예

좋은 예

마지막으로 냄비의 바닥에 물을 넣어주어야 하는데, 물의 양은 모든 병이 덮일 만큼 필요하지 않습니다. 바닥에서 2~3cm 정도 높이만큼만 물을 채워주면 됩니다. 물이 끓게 되면 수증기가 발생하여 열이 충분히 전달되고, 빠른 시간 안에 작업을 마칠 수 있습니다. 물까지 넣어주었다면 뚜껑을 닫고 가열합니다. 물이 끓기 시작하면 중간불로 바꾸고 약 3~5분 정도 더 끓여줍니다.

가열을 다 하면 병을 꺼내 내부의 물을 살짝 털어내고 병목이 위로 가게 접시에 담아놓습니다. 잼을 만드는 동안 병 내부의 수분은 완전히 날아가게 됩니다.

TIP ▶▶▶ 유리병은 몇 번이고 가열을 해도 큰 문제가 벌어지지 않지만, 뚜껑은 절대로 삶으면 안 됩니다. 뚜껑 안쪽 테두리 부분이 고무재질로 되어 있는데, 이 고무가 진공을 잡아주는 중요한 역할을 합니다. 뚜껑과 맞닿은 병목 부분은 겉으로 보기에는 매끈하지만, 미세한 틈과 균열 무늬가 있습니다. 이러한 균열 무늬와 틈을 고무가 꼼꼼히 막아주어 외부와의 공기를 완전히 차단해줍니다. 병에 잼을 담은 다음 살균하는 과정에서 열에 의해 자리를 잡아야 하는데, 그 전에 뚜껑이 열에 반복적으로 노출되면 제 기능을 발휘할 수 없습니다. 뚜껑은 물로 깨끗이 씻은 다음 바람이 잘 통하는 곳에 말리거나 에어스프레이로 이물질을 제거하는 것이 좋습니다.

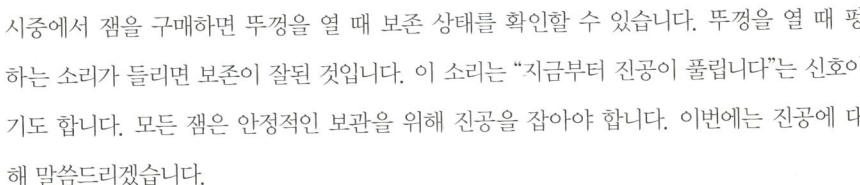

뚜껑 고무

진공과 살균

진공

시중에서 잼을 구매하면 뚜껑을 열 때 보존 상태를 확인할 수 있습니다. 뚜껑을 열 때 펑 하는 소리가 들리면 보존이 잘된 것입니다. 이 소리는 "지금부터 진공이 풀립니다"는 신호이기도 합니다. 모든 잼은 안정적인 보관을 위해 진공을 잡아야 합니다. 이번에는 진공에 대해 말씀드리겠습니다.

우선 진공은 왜 잡아야 하는 건지 생각해볼까요? 진공은 말 그대로 외부 공기를 차단하여 더 이상 병에 공기가 남아 있지 않게 하는 것입니다. 그렇게 해놓으면 외부의 공기를 통해 미생물이 병 안으로 들어오지 못합니다. 진공은 뜨거울 때 물질의 부피가 늘어나고, 차가울 때 부피가 줄어든다는 이론에서 비롯되었습니다.

옆의 그림은 뜨거운 상태에서 잼을 병에 바로 넣었을 때를 시각적으로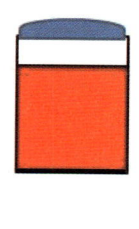
표현한 것입니다. 맨 위 파란색이 뚜껑, 하얀색이 공기층, 빨간색을 잼으
로 생각하고 봐주십시오. 그림의 맨 위 파란색 뚜껑이 약간 위쪽으로 올
라가 있죠? 잼을 넣자마자 뚜껑을 바로 닫았을 때의 모양입니다.

옆의 그림은 병의 온도가 점차 식어가면서 잼의 부피가 줄어드는 모습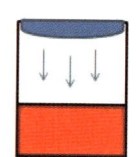
을 나타낸 것입니다. 실제로는 그림처럼 심각하게 줄어들지는 않지만,
이해하기 쉽게 눈에 띌 만큼 양을 줄였습니다. 파란 뚜껑이 아래로 내
려온 것이 보이죠? 잼의 부피가 줄어들면서 윗부분의 공기를 잡아당겨
진공이 잡히게 됩니다.

살균

아마 한두 번쯤은 잼을 개봉한 지 3~4개월도 안 됐는데, 곰팡이가 피는 것을 경험해보셨
을 겁니다. 그 이유는 잼의 당도가 낮기 때문일 수도 있고, 살균과 진공이 제대로 되지 않
아 미생물이 병 속에서 활동했기 때문입니다.

살균하는 방법에 대해서는 이야기를 많이 들어보셨을 겁니다. 제가 살균하는 방법을 소개 드리기 전에 많이 알려진 살균방법에 대해 살펴볼까요?

살균하는 방법 중에는 뚜껑을 닫은 채로 뒤집어서 놓는 방법이 알려져 있습니다. 이렇게 하면 뚜껑 안쪽의 고무에 열이 직접적으로 전달되어 유리병과 더욱 밀착되고 공기가 잘 통하지 않고 진공도 무리 없이 잡힙니다. 하지만 병을 뒤집으면서 내부의 공기가 큰 기포 모양으로 올라가 기포 안의 미생물을 살균하기가 어렵습니다. 또한 병목에 잼이 많이 묻게 됩니다.

또 다른 살균 방법으로 뒤집지 말고 잼을 넣은 병을 끓이는 것입니다. 만약 병 속 잼의 온도가 물보다 더 낮은 상태에서 담겨 있으면 병을 끓이는 과정에서 내부의 잼과 공기가 팽창하여 뚜껑이 부풀게 됩니다. 그렇게 되면 뚜껑의 고무와 유리병 사이에 공기가 떠다닐 수 있는 길이 형성되어 진공이 잡히지 않을 있을 뿐더러 심한 경우 병뚜껑이 파손되어 진공이 완전히 풀리기도 합니다.

건강하고 맛있는 잼을 정성껏 만들어놓고 살균을 잘못해서 잼을 먹을 수 없게 되면 얼마나 억울할까요! 제가 제대로 된 살균방법을 알려드리겠습니다.

먼저 잼을 넣은 다음 뚜껑을 바로 닫아주세요. 뚜껑에 이슬이 맺히는 현상을 염려해서 한 김을 빼고 닫는 분들도 계십니다. 뚜껑에 맺힌 이슬은 며칠이 지나면 자연스럽게 잼에 스며들어 사라집니다. 오히려 한 김을 빼게 되면 잼의 품온이 낮아져 진공이 잘 잡히지 않을 수 있습니다.

뚜껑을 닫은 후 냄비(혹은 개수대)에 잼을 담은 병을 나란히 깔아줍니다.(절대 2층 이상 쌓으면 안 됩니다. 열을 원활하게 전달해야 살균이 제대로 이루어집니다.)

뜨거운 물(여름철 85도 이상, 겨울철 90도 이상)을 냄비에 부어주세요. 물은 반드시 잼 병의 뚜껑을 완전히 덮을 정도로 충분히 넣어주셔야 합니다.

약 3~5분이 지나면 병을 꺼냅니다. 냄비에 남은 물에 찬물을 섞어 약 30~40도 정도로 온도를 낮추고 병을 다시 넣어줍니다.

잼이 식어가면서 뚜껑에서 "뽕뽕" 소리가 나면서 진공이 잡힙니다. 진공이 확실히 잡히면 외부의 공기 속 미생물이 병 속으로 침투 할 수가 없게 됩니다. 60~65brix 이상의 당도를 유지한 잼을 기준으로 6개월~1년 이상 보관할 수 있습니다.(단 원재료의 주성분이 단백질, 전분인 잼은 제외)

잼 만들기 / 과정

재료의 양 측정하기

냉동과일, 당(프락토올리고당), 산(레몬주스), 펙틴을 준비합니다.

볼을 이용하여 냉동과일과 당의 무게를 측정하고, 종이컵에 산과 펙틴을 각각 측량합니다.

냉동과일 해동하기

냄비에 프락토올리고당과 냉동과일을 넣고 중간불로 가열해서 해동합니다.

냉동과일만 넣고 가열하면 수분이 충분히 활동하지 못해 자칫 안쪽은 얼고, 바깥쪽은 타버리기도 합니다. 때문에 해동할 때 액상 당류인 프락토올리고당을 꼭 넣어줘야 합니다. 프락토올리고당은 저온에서 딱딱한 물엿처럼 굳어질 수 있으나, 가열을 통해 온도가 올라가면 묽은 형태로 풀어집니다. 냄비의 중앙 부분에 작은 기포들이 올라오기 시작하면 해동이 완료된 것입니다.

TIP ▶▶▶ 가열해서 해동하는 동안 냄비의 내용물은 주걱을 이용하여 천천히 저어주어야 엿맛을 최소화할 수 있습니다.

분쇄하기

해동된 냉동과일과 올리고당이 담겨 있는 냄비를 살짝 기울여 냄비 안 내용물을 한곳으로 모읍니다. 그다음 핸드믹서로 분쇄합니다. 믹서의 속도를 저속으로 시작해서 점차 속도를 올려줍니다. 핸드믹서의 하단 홈에서 최소한 1cm 이상 내용물이 덮인 상태에서 분쇄해야 튀는 현상이 벌어지지 않습니다. 이 책에서 소개하는 모든 잼은 제품으로서의 안정성을 위해 가급적 곱게 분쇄하는 것을 원칙으로 삼습니다. 이유는 잼이 만들어진 다음 삼투압에 의해 과일 밖으로 수분이 빠져나와 물이 고이는 현상(이수현상)을 막기 위해서입니다. 이수현상이 벌어지면 물이 고인 부분은 당도가 낮아지고, 미생물이 생육할 수 있는 환경이 형성됩니다. 참고로 말씀드리면 시중에서 판매되는 건더기가 있는 잼은 설탕을 이용한 당침과정을 거쳐 당이 과일 내부로 충분히 침투할 수 있게 한 다음 만들어진 것입니다.

펙틴 풀어주기

분쇄를 하고 나서 내용물을 다시 센 불로 가열합니다. 가열을 시작하면 쉬지 않고 주걱으로 저어줘야 엇맛을 최소화할 수 있습니다. 내용물이 끓기 시작하면 중간불로 줄이고, 준비해놓은 펙틴을 조금씩 흩어 뿌리며 주걱으로 잘 풀어줍니다. 펙틴이 잘 풀렸는지 확인하려면 불을 잠시 끄고 거품이 없는 상태에서 보는 것이 좋습니다.

TIP ▶▶▶ 주걱으로 젓는 일에 능숙하다면 가급적 센 불을 유지하고, 거품이 많이 끓어오르면 가끔씩 불을 줄여 거품이 가라앉게 하세요.

잔거품 확인

당도계가 없으면 내용물 표면의 잔거품이 얼마나 되는지 눈으로 확인해야 합니다. 딸기와 파인애플을 제외한 과일은 당도계 기준 약 55~65brix로 당도가 올라오면 잔거품이 사라집니다.(과일의 상태나 종류에 따라 변동이 있습니다.)

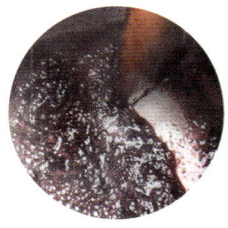

산의 첨가

펙틴이 골고루 퍼지고 풀리면 마지막으로 산을 넣고 잘 젓습니다. 왜 펙틴을 먼저 넣고, 산을 나중에 넣을까요? 앞서 제가 잼의 3요소 중 하나인 펙틴은 응고제 역할을 한다고 말씀드렸죠? 잼의 내용물을 응고하기 위해서는 당을 기준으로 65brix, 산을 기준으로 ph 2.8~3.5가 되어야 한다고 말씀드렸던 것도 기억나세요? 산을 먼저 투여하면 산에 해당하는 펙틴의 응고화 환경이 조성되어 펙틴은 넣자마자 곧바로 응고되어 잘 풀어지지 않습니다. 때문에 산은 맨 마지막에 넣는 것이 좋습니다.

TIP ▶▶▶ 산을 먼저 첨가했거나 펙틴과 동시에 투입할 경우 내용물이 끓는 냄비에서 펙틴이 얼마나 풀리는지 눈으로 확인합니다. 잘 풀리지 않았다면 핸드믹서로 분쇄합니다. 하지만 믹서를 너무 오래 돌리는 것은 삼가야 합니다.

거품 제거

앞서 말씀드렸듯이 내용물을 끓이다 보면 거품은 자연스럽게 사라지게 됩니다. 하지만 딸기 잼을 만드는 과정에서 발생하는 거품은 잘 사라지지 않습니다. 거품이 살짝 남아 있다고 해서 건강상의 문제가 생기지지는 않습니다. 하지만 거품이 꺼려지거나 가족이 아닌 다른 사람에게 선물할 경우에는 외관상 좋지 않아 보일 수도 있습니다. 당도가 60brix가 되었을 때도 거품이 남아 있다면 제거합니다.

당도 측정

당도는 평균 60~65brix가 적당합니다. 하지만 판매를 목적으로 만든다면 제품의 안정성을 위해 당도를 조금 더 높여주는 것이 좋습니다. 최소 60brix 이상 당도를 확보해야 합니다.

병에 넣기

잼에 적합할 정도의 당도와 농도에 이르렀다면 병에 넣습니다. 병에 넣을 때는 먼저 병에 수분이 없는지 살펴보고, 병의 온도도 확인합니다. 또 하나, 주의할 점이 있습니다! 잼은 병 목 아랫부분 선(목과 몸통으로 나뉘는 부분)에 딱 맞추어 넣어줍니다. 선에 미치지 못하면 진공이 약하게 잡힐 수 있고, 선을 넘어 담으면 진공이 너무 꽉 잡혀 뚜껑이 잘 열리지 않을 수 있습니다.

뚜껑 닫기

잼을 다 담으면 곧바로 뚜껑을 닫습니다. 품온이 떨어진 다음 뚜껑을 닫으면 진공이 잘 잡히지 않거나 잡히더라도 약할 수 있습니다.

살균하기

잼을 담은 병을 냄비(또는 개수대)에 나란히 놓습니다. 뜨거운 물을 뚜껑이 덮일 만큼 부어줍니다. 다시 한 번 강조하자면 물이 뚜껑을 덮지 못하면 열이 충분히 전달되지 않아 살균이 되지 않습니다. 병을 2층 이상 쌓는 것도 같은 이유에서 하지 말아야 합니다. 살균은 약 3~5분 정도면 충분합니다.

물기 닦기

살균을 마치고 잼 병을 꺼내면 당연히 외부에 물기가 묻어 있겠죠? 이 상태로 스스로 마를 때까지 놔둔다면 뚜껑 부분에 물기의 모양 그대로 얼룩이 남을 수 있습니다. 냄비(혹은 개수대)에서 꺼낸 잼 병은 마른수건으로 수분을 닦아줍니다. 주의해야 할 점이 있습니다. 잼의 내용물이 아직 뜨거운 상태에서 응고가 진행되고 있기 때문에 기울이면 안 됩니다. 병을 기울이지 않은 상태에서 닦아줘야 합니다.

2
미스터 잼의
수제잼 만들기
공식

잼을 연구하고, 새로운 메뉴를 개발하다 보면 잼에 대해 이런저런 생각을 하게 됩니다. 그러다가 어느 날 갑자기 드는 의문이 있었습니다. 잼 만드는 데 과연 레시피가 필요할까?

제 어린 시절, 인터넷에서 잼 만드는 방법이나 서점에서 잼 만드는 요리책이 없던 때에도 우리 어머니들은 척척 잼을 만드셨습니다. 과일을 많이 넣고 설탕을 조금 넣었다면 잼의 농도가 나올 때까지 오래 끓여주면 될 것이고, 설탕을 많이 넣고 과일을 조금 넣었다면 설탕이 녹을 때까지만 가열을 짧게 하면 잼을 만들 수 있습니다. 사실 배합을 어떻게 하든 잼은 만들어집니다.

잼 만드는 제가 가장 중요하게 생각하는 것은 맛과 영양입니다. 실컷 만들어놓았는데, 너무 달거나 싱거우면 또 영양도 전혀 없다면 잼이란 음식의 가치가 어떻게 될까요? 그래서 제가 내린 결론은 맛과 영양을 유지할 수 있도록 배합비율을 맞추자는 것이었습니다. 지금부터 제가 말씀드리는 잼 만드는 공식은 배합비율에 초점을 맞춘 것입니다. 배합비율만 잘 맞춰도 맛은 보장됩니다.

그렇다면 농도를 어떻게 맞춰야 할까요? 농도는 전혀 걱정할 게 없습니다. 잼을 다 만들었는데 너무 묽다고 생각하면 조금 더 가열하면서 수분을 날려주면 됩니다. 반대로 엿처럼 너무 딱딱하게 굳었다면 물을 약간 넣어 수분을 보충하고 가열하면 됩니다. 시간과 마음의 여유만 있다면 망치고 싶어도 망치기 어려운 음식이 바로 잼입니다.

하지만 제가 1장에서 말씀드린 중요한 사항, 기억나세요? 오래 끓일수록 영양가가 파괴된다고 했죠? 때문에 잼은 바로 먹을 만큼만 소량으로 짧은 시간 안에 만들어 먹는 것이 가장 좋습니다. 더 끓이거나 물을 넣어 조정을 하면 맛과 영양이 떨어질 수 있습니다.

따라서 시행착오 끝에 잼을 만들었다면 당도계로 당도를 체크하는 것이 필요합니다. 당도계로 당도를 체크해놓고, 똑같은 잼을 다시 만들 때 당도계에 이전에 만든 잼의 당도 수치가 나올 때까지 가열했다가 병에 바로 넣어주면 됩니다. 잼을 많이 만드는 분이라면 당도계 하나쯤은 구입해놓으시라고 당부드리고 싶습니다.

그럼 본격적으로 제가 수백 가지 잼을 만들면서 자연스럽게 터득한 '잼 만들기 공식'을 알려드리겠습니다.

과일잼 만들기 공식

전체 양 = 원재료(과일)의 양 + 프락토올리고당의 양

당과의 배합 비율

당(프락토올리고당): 과일의 양은 같습니다.

즉 1:1 비율로 준비하면 됩니다.

산과의 배합 비율

산(레몬주스 기준)은 전체 양(과일+프락토올리고당)의 1%를 넣어줍니다.(단 개인 취향에 따라 3% 까지 가능합니다.) 산의 함량을 조금 높여주면 새콤한 맛이 강화되어 식감을 더욱 자극하는 잼을 만들 수 있습니다. 하지만 잼을 만들 때 주로 사용하는 레몬주스에는 자체 향이 있기 때문에 너무 많이 넣으면 원재료의 향이 레몬주스 향에 묻히게 되는 역효과를 낳을 수도 있습니다.

즉 산: 전체 양의 비율은 0.01~0.03 : 1

펙틴과의 배합 비율

펙틴은 전체 양(과일+프락토올리고당)의 0.3~0.5%를 투입합니다.

즉 펙틴 : 전체 양의 비율은 0.003~0.005:1

그렇다면 어떤 과일이 0.3%에 맞추면 좋고, 어떤 과일이 0.5%에 맞추는 것이 좋을까요? 일반적으로 펙틴을 많이 함유하고 있는 과일은 펙틴을 첨가하지 않아도 됩니다. 대표적인 과일이 바나나입니다. 하지만 전문가가 아니고서야 어느 과일이 펙틴을 얼마만큼 함유하고 있는지 알 수가 없겠죠? 간단하게 구별할 수 있는 방법이 있습니다. 잼으로 만들 과일을 입안에 넣고 씹어보세요. 입안에 끈적끈적한 느낌이 많이 남는다면 펙틴을 0.3% 첨가하고, 끈적한 느낌보다 청량한 느낌이 남는다면 펙틴을 0.5% 첨가하면 됩니다.

0.3과 0.5라는 수치는 절대적이지 않습니다. 내용물이 응고될 때까지 가열시간에 따라 펙틴 양은 충분히 조절할 수 있으니까 너무 이 수치에 맞추려고 스트레스를 받지 않아도 됩니다.

과일잼 만들기 바로가기→ 블루베리잼(56쪽), 라즈베리잼(64쪽), 파인애플잼(74쪽), 바나나잼(82쪽)

TIP ▶▶▶ 생과일 VS 냉동과일, 잼 만들 때 적합한 과일은?

딸기가 생산되지 않는 가을, 겨울에도 1년 내내 시장이나 마트에서 딸기잼을 구입할 수 있는 이유는 뭘까요? 잼 회사에서 냉동과일을 사용해서 잼을 만들기 때문입니다. 그렇다면 대부분 잼 회사에서 냉동과일을 사용하는 이유는 뭘까요? 가격이 저렴하기 때문에? 냉동과일을 왜 사용하는지에 대해 한 번쯤 꼼꼼히 짚어봐야 할 것 같네요.

쿠킹클래스를 진행하다가 "생과일과 냉동과일 중 어느 것이 잼 재료로 좋을까요?" 하고 물으면 대다수 분들이 생과일에 손을 듭니다. 하지만 여러분, 여러 가지 장단점을 따져볼 때 냉동과일을 재료로 삼는 것이 좋습니다. 지금부터 그 이유를 조목조목 살펴볼까요?

첫째. 저장음식인 잼을 안정적으로 만들 수 있습니다.

과일에 당을 섞어 가열하면 삼투압작용이 일어납니다. 삼투압에 의해 과일에서 빠져나온 수분은 열에 증발되고, 수분이 날아간 내용물은 잼으로 만들어집니다. 즉 잼을 만들기 위해서는 과일이 머금은 수분을 밖으로 빼내고, 당을 과일 깊숙이 침투해야 합니다. 그렇기 위해서는 조직을 튼튼하게 유지하고 있는 생과일보다 해동을 한 과일이 훨씬 빨리 수분을 분리하고, 당을 받아들입니다. 원래부터 실온에 있는 딸기와 냉동실에 있다가 실온에서 녹은 딸기를 떠올리면 쉽게 이해할 수 있습니다.

또한 생과일로 잼을 만들고 장기간 보관하다 보면 삼투압작용이 일어나 물이 빠져나와 잼과 분리되는 이수현상이 발생할 수 있습니다.

둘째. 냉동과일은 보관이 용이합니다.

잼을 만들 때는 가열시간이 짧아야 영양소가 파괴되는 것을 최소화할 수 있습니다. 소량의 잼을 만들다 보면 과일이 남게 되는 수도 있습니다. 때문에 잼을 만들 과일은 애초부터 쓸 만큼 분리해서 냉동실에 보관하는 것이 효과적입니다. 부족하면 냉동실에서 바로바로 꺼낼 수도 있습니다.

가정용 냉장고는 급냉 방식이 아닙니다. 음식물을 천천히 얼립니다. 이 과정에서 과즙과 과육이 조금씩 분리되고, 과즙도 묽은 부분과 진한 부분이 나뉘게 됩니다. 이런 문제를 해결하기 위해서는 잼의 재료를 보관할 때부터 주의하는 것이 좋습니다. 즉 완전히 분쇄한 과일을 100g 단위로 팩으로 포장해서 냉동 보관하는 것입니다. 이렇게 하면 조리할 때 과일의 양을 별도로 측정하지 않아도 잼을 만들 수 있습니다. 쉽게 말씀드리면 냉동된 과일을 필요한 만큼 덜어내기 위해서는 실온에서 해동을 해야 하는데, 이 과정에서 이슬점에 의해 수분이 다량으로 발생합니다. 원래 냉동된 과일의 양이 100g이라면 해동된 이후 수분이 생긴 과일의 무게는 100g 이상이 됩니다. 따라서 정확히 측정하기가 어렵습니다.

셋째. 쉽게 구할 수 있습니다.

생과일은 제철이 아닌 때 구입하려면 높은 가격을 부담해야 합니다. 아예 구매 자체가

불가능하기도 하죠. 하지만 냉동과일은 대형마트나 식자재마트에서 손쉽게 구입할 수 있습니다.

하지만 냉동과일이라고 해서 좋은 것은 아닙니다. 생과일로 만든 잼에 비해 향이 조금 약하고, 잼의 색상이 탁해 보이는 단점도 있습니다. 정리하자면 안정적이고 조금 오래 보관하며 먹고 싶다면 냉동과일을 선택하시되, 적은 양으로 바로바로 만들어 먹을 거라면 생과일을 선택하셔도 무방합니다.

채소잼 만들기 / 공식

당과의 배합 비율

당(프락토올리고당)과 채소의 양은 같습니다.

즉 1:1 비율로 준비하시면 됩니다.

(단 조직이 튼튼하고 수분 함량이 많지 않은 당근이라면 당:당근의 비율을 6:4 정도로 조정해줘야 합니다.)

산과의 배합 비율

산(레몬주스 기준)은 전체 양(채소+프락토올리고당)의 2~5%입니다.

즉 산:전체 양의 비율은 0.02~0.05:1입니다. 산의 함량은 채소에 따라 달라집니다. 채소 자체의 비린 맛이 강하면 5%, 채소의 비린 맛이 깊이 느껴지지 않으면 2%를 첨가합니다.

재료 자체에 비린 맛이 느껴지는 채소도 있고, 비릿한 맛이 느껴지지 않지만 가열하는 과정에서 그 맛이 발생하는 채소도 있습니다. 비린 맛을 눌러주기 위해서는 과일잼에 비해 산을 많이 넣어주어야 합니다. 레몬주스 이외에 사과식초나 구연산으로 맛을 조정해도 좋습니다.

펙틴과의 배합 비율

펙틴의 비율은 0.5%입니다.

즉 펙틴:전체 양의 비율은 0.005:1입니다.

과일에 비해 채소류는 펙틴이 부족하기 때문에 펙틴의 함량을 늘려줘야 합니다.

채소잼 만들기 바로가기→ 파프리카잼(92쪽), 청양고추잼(100쪽), 오이잼(108쪽), 마늘잼(116쪽)

나물잼 만들기 공식

당과의 배합 비율

당(프락토올리고당)은 말린 나물보다 열다섯 배 많은 양을 준비합니다.

즉 당:나물의 비율은 15:1입니다.

(나물은 수분을 모두 날려 건조된 상태이기 때문에 원래 무게의 1/5~1/7로 무게가 줄어듭니다. 또 과일에 비해 조직이 단단해서 프락토올리고당의 양을 많이 넣어줘야 합니다.)

산과의 배합 비율

산(사과식초 기준)은 전체 양(나물+프락토올리고당)의 1.5% 입니다.

즉 비율은 0.015:1입니다.

(나물은 종류도, 특성도 다양합니다. 고사리처럼 비린 나물도 있고, 취나물처럼 끝맛이 깔끔한 나물도 있습니다. 고사리처럼 비린 맛이 강한 나물은 사과식초를 사용하고, 취나물은 과일잼을 만들 때와 마찬가지로 레몬주스를 사용합니다.)

펙틴과의 배합 비율

펙틴은 전체 양의 0.5% 정도를 투입합니다.

즉 비율은 0.005:1입니다.

나물은 펙틴을 거의 함유하고 있지 않는데도, 나물잼을 만들 때 펙틴을 전체 양의 0.5%로 잡아도 잼의 농도를 유지할 수 있습니다. 프락토올리고당의 양을 늘려주었기 때문입니다. 펙틴과 당은 반비례한다고 설명드렸던 것 기억나세요?

나물잼 만들기 바로가기 → 고사리잼(126쪽), 취나물잼(134쪽)

STARCH
JAM

단백질·전분류가 주성분이 되는 잼 만들기 공식

당과의 배합 비율

당(프락토올리고당)은 재료 양의 두 배입니다.

즉 당:재료의 비율은 2:1입니다.

(제주에는 꿩엿이라는 것이 있습니다. 엿을 만드는 동안 꿩을 잡아 익혀서 잘게 잘라 함께 고아내어 만드는데, 오래두고 먹을 수 있는 제주의 전통 보양음식입니다. 꿩고기는 단백질 성분인데, 어떻게 저장음식으로 쓸 수 있을까요? 바로 당도 덕분입니다. 잼에는 별도의 방부제를 사용하지 않습니다. 당도가 높을수록 미생물의 생육이 어려워지는 원리를 이용한 것입니다. 주성분이 단백질로 된 재료로 잼을 만들려면 꿩엿과 마찬가지로 당도가 충분히 있어야 합니다. 당의 함량은 자연스레 다른 잼에 비해 높습니다.)

산과의 배합 비율

산(사과식초 기준)은 전체 양(재료+프락토올리고당)의 3% 정도를 넣어줍니다.

즉 0.03:1입니다.

(주성분이 단백질인 재료는 프락토올리고당의 단맛에 향이 묻혀 느껴지지 않을 수 있습니다. 이를 보완하기 위해 산의 함량을 늘려줍니다. 산은 재료 자체의 향을 강화해주기도 합니다.)

펙틴과의 배합 비율

펙틴은 전체 양의 0.5%를 넣어줍니다.

(나물과 마찬가지로 단백질이 주성분이 되는 재료는 펙틴이 거의 함유되어 있지 않습니다. 펙틴의 양을 0.5%만 넣어도 잼의 농도가 가능한 까닭은 프락토올리고당의 양을 늘려주었기 때문입니다.)

단백질이 주성분이 되는 잼 바로가기 → 소금잼(144쪽), 데밀잼(152쪽)

추출잼 만들기 / 공식

당과의 배합 비율

당(프락토올리고당)은 재료의 다섯 배를 준비합니다.

즉 당:재료의 비율은 5:1입니다.

(삼투압에 따른 추출방식의 잼을 만들기 위해서는 원재료를 모두 덮을 수 있는 당이 필요합니다. 당의 양이 부족해서 원재료를 충분하게 덮어주지 못하면 추출 시간이 길어집니다.)

산과의 배합 비율

산(레몬주스)은 프락토올리고당의 넣은 양의 10%를 넣습니다.

즉 산:당의 비율은 0.1:1입니다.

(추출하는 방식으로 만드는 잼은 두 가지 맛을 지닙니다. 첫맛은 레몬맛, 그리고 끝맛은 원재료 자체의 맛을 느낄 수 있습니다. 이렇게 두 가지 맛을 내려면 원재료가 강한 맛을 지니고 있어야 합니다.)

펙틴과의 배합 비율

펙틴은 원재료 양의 10%입니다.(원재료+당의 양이 아닙니다.)

즉 펙틴:원재료의 비율은 0.1:1입니다.

여느 잼을 만들 때보다 펙틴이 월등하게 많이 들어가지요? 추출하는 과정에서 원재료의 건더기를 모두 건져내기 때문에 다른 잼에 비해 응고력이 부족해질 수밖에 없기 때문에 펙틴이 많이 필요합니다.

추출잼 바로 가기→ 청양고추잼(100쪽)

3
미스터 잼의
잼 만들기

homemade jam

과일잼
만들기

잼 하면 뭐니뭐니 해도 과일을 떠올리게 되죠? 30~40대 분들이라면 어린 시절, 초여름 딸기를 상자째 사다가 커다란 들통에 넣고 기다란 주걱으로 몇 시간이고 저어본 기억이 한 번쯤 있지 않으가요? 져도 초여름 하면 생각나는 기분 좋은 추억인데, 그때 만든 딸기잼에 얼마나 많은 설탕이 들어갔는지 돌이켜 보면 아찔합니다.

요리는 무엇을 만들 건 간에 건강에 좋고 맛도 있어야 하는 것이 미덕입니다. 잼으로 치자면 빛깔도 곱고 향이 풍부하고 농도도 적합한 잼.

이번 장에서는 각 과일의 특성을 알아보고, 향과 맛 그리고 영양분까지 담아낸 다양한 과일잼 만드는 방법을 살펴보겠습니다.

블루베리잼

블루베리 제대로 파악하기

블루베리 하면 짙은 군청 빛깔에 새콤달콤한 맛을 떠올리게 됩니다. 맛도 맛이려니와 영양 또한 뛰어납니다. 세계적으로 유명한 〈타임〉은 블루베리를 '10대 수퍼푸드' 중 하나로 선정하기도 했지요. 비타민C, 비타민E, 안토시아닌이 풍부해서 항산화 능력이 뛰어나고 꾸준히 복용하면 시력이 회복되고, 피부가 노화되는 것(안티에이징)을 막아줍니다. 또한 요즘은 대형마트나 과일가게에서도 손쉽게 구입할 수 있어 잼을 만드는 것도 수월해졌습니다. 다른 과일에 비해 비싼 편이긴 하지만, 맛과 영양을 생각해보면 충분히 지갑을 열 가치가 있습니다.

원산지

북아메리카

제철

7~9월

효능

▶ 시력회복, 망막쇠퇴병 방지

▶ 당뇨 및 합병증 예방

▶ 기억력 감퇴, 신체 노화방지

▶ 피부 건강 유지 및 보호

▶ 변비예방

영양소 함량 정보(100g당)

열량	단백질	지방	탄수화물	식이섬유	칼륨	비타민A	비타민C
57kcal	0.7g	0.3g	14.5g	2.9g	1mg	5RE	10mg

making
Blueberry jam

재료

블루베리	100g
프락토올리고당	100g
레몬주스	2g
펙틴	0.6g

(잼의 양: 120g, 당도: 60brix)

병 세척 및 건조

① 유리병을 깨끗이 씻고, 둥근 옆면이 바닥을 향하게 냄비에 넣은 다음 약 1~2cm 정도 물을 넣고 뚜껑을 닫습니다. **TIP** 유리병을 잘못 배치하면 병이 깨질 수도 있으니 주의하세요!(28쪽 참고)

② 약 2~3분간 끓여줍니다.

③ 냄비의 뚜껑을 열고 병을 꺼내 병 안쪽의 수분을 털어낸 다음 병목을 위로 향하게 하고 잘 말려줍니다.

재료 손질

① 블루베리를 흐르는 물에 씻습니다. 씻는 도중 변질되거나 손상된 블루베리는 제거합니다.

② 깨끗이 씻은 블루베리는 수분을 잘 털어낸 다음 냉동실에서 보관합니다.(소량으로 만들어 짧은 시일 안에 먹을 거라면 생과일을 사용하는 것을 권합니다.)

③ 생과일을 사용할 경우 프락토올리고당과 블루베리를 함께 믹서에 넣고 완전히 분쇄합니다.

TIP 올리고당을 넣고 분쇄하면 곱게 잘 갈립니다.

❶ 냉동 블루베리와 프락토올리고당을 냄비에 넣고 가열하여 해동합니다. 가열하는 동안 내용물이 한곳에 머물러 타지 않도록 천천히 저어줍니다.

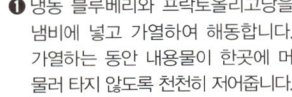

TIP 잘 젓지 않으면 프락토올리고당이 타면서 엿맛이 발생하여 잼맛에 우러나올 수 있습니다.

❷ 냄비의 중앙부분게 작은 거품이 올라오면 불을 끕니다.

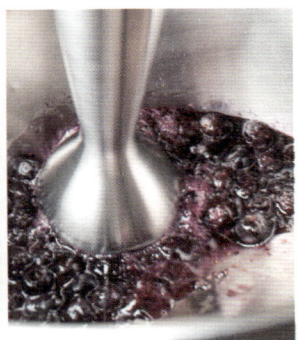

❸ 냄비를 살짝 기울여 내용물이 냄비 한쪽에 모이게 한 다음 핸드믹서로 완전 분쇄합니다.

TIP 믹서 하단 홈이 1cm 이상 잠긴 상태에서 저속에서 시작해 점차 속도를 높여 분쇄합니다. 믹서 하단 홈이 충분히 잠기지 않거나 처음부터 고속으로 분쇄를 하게 되면 내용물이 튈 수 있고, 불을 끄지 않고 끓는 상태에서 핸드믹서를 사용하면 믹서가 헛돌 수 있습니다.

❹ 다시 가열을 하면서 주걱을 사용하여 일정한 속도로 젓습니다. 내용물이 냄비의 옆면에 묻지 않는 것에 유의하면서 젓습니다.

TIP 냄비를 가열할 때 냄비의 가장 뜨거운 부분은? 바닥이 아닌 옆면!

❺ 용물이 끓기 시작하면 펙틴을 첨가하고 잘 섞이도록 저어줍니다. 펙틴은 조금씩 흩뿌려가며 넣어줘야 합니다. 주걱으로 잘 섞어야 펙틴이 덩어리지지 않습니다.

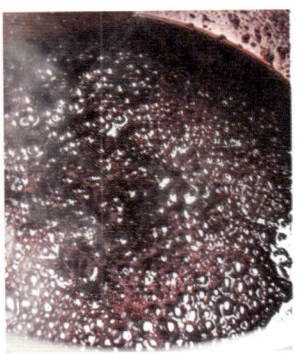

❻ 펙틴이 잘 섞인 것을 확인한 다음 레몬주스를 첨가하고 계속 가열합니다. 거품이 커지고 두꺼워지거나 당도계 기준 60brix에 도달하면 가열을 멈춥니다.

59

병에 넣어 보관하기

여기까지만 채워주세요!

① 만들어진 잼은 건조된 병에 곧바로 넣습니다.

병목과 몸통 사이의 경계선에 맞춰서 담습니다.

② 잼을 병에 넣는 도중 병목이나 병 바깥쪽에 묻은 잼은 행주로 깨끗이 닦아냅니다.

③ 잼을 다 넣은 다음 재빨리 뚜껑을 닫습니다. **TIP** 잼의 온도가 떨어지기 전에 뚜껑을 닫아야 진

공 상태가 유지됩니다. 뚜껑을 바로 닫으면 안쪽에 이슬처럼 수분이 고이는데, 1~3일 안에 수분은 잼에 흡

수되기 때문에 미생물이 번식할 염려는 하지 않아도 됩니다.

살균하기

살균은 30쪽을 참고하세요.

냉각 및 진공 확인

① 잼 병은 실온에서 식혔다가 30도까지 온도가 떨어지면 차가운 물에 담습니다.

② 병뚜껑에 진공 상태가 잡힌 것을 확인(뽕뽕 소리가 납니다)한 다음 병을 꺼냅니다.

품질유지기한 및 보관방법

본 레시피의 블루베리잼은(60brix 이상의 당도를 기준으로) 6개월 이상 보존이 가능합니다. 하

지만 뚜껑이 개봉되는 시점부터 공기를 통해 미생물이 유입되어 변질될 수 있으므로 개봉

후에는 반드시 냉장고에서 보관해야 합니다.

For

'설탕 잼'에 입맛을 길들인 아이들.
눈이 침침하고 면역력이 약한 어르신.
시력이 나쁜 성장기 청소년.
피부미용과 변비에 민감한 여성.

enjoying
Blueberry jam

1. 빵과 크래커에 바르면 블루베리 고유의 맛과 향을 음미할 수 있습니다!
2. 삼겹살 또는 치킨, 튀김 같은 기름진 음식에 곁들여보세요! 블루베리잼의 상큼한 맛이 느끼함을 잡아줍니다.
3. 플레인요거트에 넣으면 새콤달콤한 블루베리요거트 탄생!(시중에 판매되는 잼보다 농도가 진하지 않기 때문에 집에서 만든 요거트에 잘 섞입니다.)

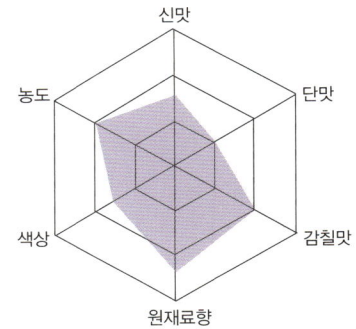

taste of
Blueberry jam

신맛 자체 향이 강한 블루베리와 레몬주스가 조화를 이루어 부드러운 신맛을 느낄 수 있습니다.

단맛 시중에 판매되는 잼에 비해 당도가 낮아 단맛이 덜합니다. 블루베리 고유의 향이 당과 잘 어우러져 다른 잼에 비해 단맛이 덜 느껴집니다.

감칠맛 레몬주스와 블루베리가 어우러진 상큼한 맛으로 감칠맛이 약간 높은 편입니다.

원재료향 레몬주스의 신맛이 블루베리의 자체 향을 강화시켜주는 역할을 하여, 원재료의 향을 충분히 느낄 수 있습니다.

색상 은은한 보랏빛이 잘 익은 포도를 떠올리게 합니다.

농도 시중에 판매되는 잼보다 약간 묽습니다.

라즈베리 제대로 파악하기

라즈베리는 유럽, 북아메리카, 중국 등지에서 재배된다고 합니다. 향기를 맡으면 지방이 분해되고 식욕도 억제되는 효과가 있다고 하죠? 안토시아닌, 폴리페놀 등도 풍부해 기미, 주근깨를 예방하는 등 피부 미용에 효과가 있습니다. 또한 수용성 식이섬유가 풍부해 변비는 물론, 혈중 콜레스테롤을 낮춰줍니다. 라즈베리는 여느 과일에 비해 오메가3가 풍부해서 세포 노화 방지는 물론 항암작용을 하고, 면역력을 높여주기도 합니다.

시중에 판매되는 라즈베리는 생과일이 아닌 냉동과일로, 대부분 붉은색을 띠고 있습니다. 하지만 라즈베리는 붉은색 외에도 흰색, 검은색을 띤 열매도 있다고 합니다. 특히 검은색 라즈베리는 식도암을 예방해주는 효과가 있다고 하네요.

'라즈베리' 하면 왠지 서양의 과일을 떠올리는데, 정확한 명칭은 나무딸기류를 통틀어 이르는 말이라고 합니다. 때문에 라즈베리잼을 만들 때 식재료를 우리나라의 산딸기로 해도 좋습니다.

분포지역

유럽, 북미아메리카, 중국 등

제철

7~8월

효능

▶ 다이어트(식욕저하, 낮은 열량)

▶ 주근깨, 기미방지 및 피부보호

▶ 혈중 콜레스테롤 저하

▶ 항암작용, 면역력 증가

▶ 변비예방

영양소 함량 정보(100g당)

열량	단백질	지방	탄수화물	식이섬유	칼슘	나트륨	칼륨	비타민A	비타민C
32kcal	1.3g	0.4g	6.7g	2.9g	21mg	2mg	130mg	17RE	28mg

RASP
BERRY

65

making
Raspberry jam

재료	
라즈베리	100g
프락토올리고당	100g
레몬주스	2g
펙틴	0.6g
(잼의 양: 130g, 당도: 60brix)	

병 세척 및 건조

① 유리병을 깨끗이 씻고, 둥근 옆면이 바닥을 향하게 냄비에 넣은 다음 약 1~2cm 정도 물을 넣고 뚜껑을 닫습니다. **TIP** 유리병을 잘못 배치하면 병이 깨질 수도 있으니 주의하세요!(28쪽 참고)

② 약 2~3분간 끓여줍니다.

③ 냄비의 뚜껑을 열고 병을 꺼내 병 안쪽의 수분을 털어낸 다음 병목을 위로 향하게 하고 잘 말려줍니다.

재료손질

① 라즈베리를 흐르는 물에 씻습니다. 씻는 도중 변질되거나 손상된 라즈베리를 제거합니다.

TIP 30초 이상 라즈베리를 물에 담가두면 비타민C가 녹아서 과육 밖으로 나올 수 있습니다. 라즈베리는 최대한 짧은 시간 안에 씻는 것이 중요합니다.

❶ 라즈베리와 프락토올리고당을 냄비에 넣고 가열하여 해동합니다. 가열하는 동안 내용물이 한곳에 머물러 타지 않도록 천천히 저어줍니다.

> **TIP** 잘 젓지 않으면 프락토올리고당이 타면서 엿맛이 발생하여 잼 맛에 우러나올 수 있습니다.

❷ 내용물이 끓기 시작하면 펙틴을 첨가하고 잘 섞이도록 저어줍니다. 펙틴은 조금씩 흩뿌려가며 넣어줘야 합니다. 또한 주걱으로 잘 저어주면서 섞어야 펙틴이 덩어리지지 않습니다.

> **TIP** 라즈베리는 특성상 믹서로 분쇄하지 않더라도 끓이는 동안 자연스럽게 녹아 섞입니다. 따로 분쇄하지 않습니다.

❸ 가열을 하면서 내용물이 한곳에 머물러 타지 않도록 잘 저어줍니다. 펙틴이 잘 섞인 것을 확인한 다음 레몬주스를 첨가하고 계속 가열합니다.

❹ 거품이 커지고 두꺼워지거나 당도계 기준 60brix에 도달하면 가열을 멈춥니다.

67

여기까지만
채워주세요!

병에 넣어 보관하기

① 만들어진 잼은 건조된 병에 곧바로 넣습니다.

　병목과 몸통 사이의 경계선에 맞춰서 담습니다.

② 잼을 병에 넣는 도중 병목이나 병 바깥쪽에 묻은 잼은 행주로 깨끗이 닦아냅니다.

③ 잼을 다 넣은 다음 재빨리 뚜껑을 닫습니다. **TIP** 잼의 온도가 떨어지기 전에 뚜껑을 닫아야 진

　공 상태가 유지됩니다. 뚜껑을 바로 닫으면 안쪽에 이슬처럼 수분이 고이는데, 1~3일 안에 수분은 잼에

　흡수되기 때문에 미생물이 번식할 염려는 하지 않아도 됩니다.

살균하기

살균은 30쪽을 참고하세요.

냉각 및 진공 확인

① 잼 병은 실온에서 식혔다가 30도까지 온도가 떨어지면 차가운 물에 담습니다.

② 병뚜껑에 진공 상태가 잡힌 것을 확인(뽕뽕 소리가 납니다)한 다음 병을 꺼냅니다.

품질유지기한 및 보관방법

본 레시피의 라즈베리잼(55brix 이상의 당도를 기준으로)은 6개월 이상 보존이 가능합니다. 하지만 뚜껑이 개봉되는 시점부터 공기를 통해 미생물이 유입되어 변질될 수 있으므로 개봉 후에는 반드시 냉장고에서 보관해야 합니다.

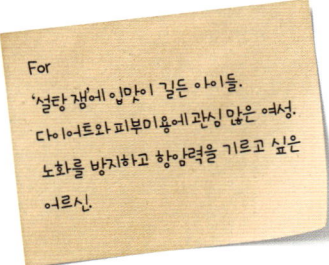

For
'설탕 잼'에 입맛이 길든 아이들,
다이어트와 피부미용에 관심 많은 여성,
노화를 방지하고 항암력을 기르고 싶은
어르신.

enjoying
Raspberry jan

1. 빵과 크래커에 바르면 라즈베리 고유의 맛과 향을 음미할 수 있습니다!

2. 플레인요거트에 넣으면 상큼한 라즈베리요거트 탄생!(시중에 판매되는 잼보다 농도가 진하지 않기 때문에 집에서 만든 요거트에 잘 섞입니다.)

3. 채소샐러드를 버무릴 때 소스 대신 라즈베리잼을 넣어보세요. 물과 식초를 섞으면 새콤달콤한 향이 어울려 최고의 풍미를 선사합니다.

TIP ▶▶▶ 라즈베리잼으로 장미잼 만들기

혹시 장미잼을 들어보신 적이 있나요? 세계 여러 나라에서 장미잼이 만들어지고 있습니다. 장미잼이라고 하니까 장미가 주재료일 거라고 생각이 듭니다. 하지만 장미잼은 분쇄된 건조 장미를 일정 비율로 특정 잼에 첨가하는 방식으로 만들어집니다.

장미잼을 만들고 싶은 분이 계시다면 저는 단연 라즈베리잼을 추천해드리고 싶습니다. 저 또한 장미잼을 개발하기 위해 다양한 잼에 식용 건조 장미를 첨가하고 실험해보았습니다. 그 결과 맛과 색상 모든 관점에서 가장 어울리는 것이 라즈베리잼이었습니다.

그렇다면 라즈베리잼에 식용 건조 장미를 얼마나 넣어야 할까요? 모든 (건조)허브를 첨가하는 잼의 허브 비율은 전체 재료 양의 1%입니다. 이 이상 건조 장미가 첨가되면 자칫 화장품과 비슷한 맛을 느낄 수 있습니다. 장미잼뿐 아니라 허브를 첨가하는 어느 잼이든 황금비율은 최대 1%라는 걸 기억해두면 다른 허브잼을 만들 때 도움이 될 겁니다. 그렇다면 건조 장미는 잼을 만드는 과정 중 언제 첨가해야 할까요? 거의 마지막 단계에 넣어야 향이 손실되는 걸 막을 수 있습니다. 레몬주스를 넣고 잼이 끓으면서 큰 기포가 생성될 때 넣어주세요. 또 하나 주의할 점이 있습니다. 건조 장미는 사용하기 전에 반드시 믹서로 갈고 나서 첨가해야 입안이 장미가 껌처럼 씹히는 것을 막을 수 있습니다.

69

taste of
Raspberry jam

신맛 라즈베리 자체의 신맛에 레몬주스가 첨가되어 여느 과일에서 맛볼 수 없는 새콤함을 느낄 수 있습니다.(라즈베리의 신맛은 레몬주스에서 느껴지는 신맛과 다릅니다. 때문에 레몬주스를 첨가해줍니다.)

단맛 다른 과일에 비해 당도가 낮고 신맛이 강합니다. 단맛은 비교적 많이 느껴지지 않습니다.

감칠맛 신맛이 강하기 때문에 감칠맛도 강할 거라고 생각할 수 있으나 라즈베리의 향이 식욕을 억제해주는 역할을 하기 때문에 감칠맛이 많이 느껴지지 않습니다.

원재료향 생 라즈베리를 먹으면 드라이한 신맛을 느끼게 됩니다. 생과일만으로는 향을 느끼기가 어려울 수 있습니다. 하지만 잼으로 만드는 과정에서 레몬주스가 첨가되어 원래 지닌 향이 강하게 느껴집니다.

색상 밝은 빨간색으로 입맛을 돋웁니다.

농도 다른 잼에 비해 농도가 진한 편입니다. 완성된 기준의 당도(55brix)를 넘어 조리하게 되면 잼이 딱딱해질 수도 있습니다. 가정에서 만들 거라면 약간 묽은 상태에서 가열을 멈추는 것이 좋습니다.

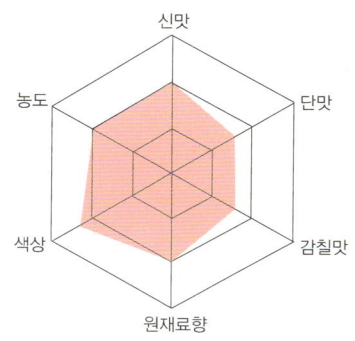

FRUIT JAM

파인애플잼

파인애플 제대로 파악하기

모양이 솔방울처럼 생겼다고 파인(pine), 맛은 사과와 비슷하다고 해서 애플(apple). 그래서 파인애플이라 불리는 과일, 개성 있는 모양과 맛으로 사람들의 입맛을 사로잡는 과일이죠. 이렇게 인기 있는 파인애플은 어떤 영양분을 함유하고 있을까요?

파인애플은 칼로리가 굉장히 낮습니다. 칼로리가 100g당 23kcal 정도밖에 되지 않아 한 통을 먹어도 한 끼 식사도 되지 않습니다. 뿐만 아니라 비타민A, 비타민C, 비타민B를 함유하고 있습니다. 신진대사를 돕고 피로를 풀어주는 효과도 있습니다. 특히 고기를 즐겨 드시는 분들의 건강에 큰 도움을 주는데요. 파인애플은 브로멜린이라는 단백질 분해효소를 함유하고 있습니다. 체내 콜레스테롤 수치를 낮춰주기도 합니다. 정말 여러 모로 이로운 대표적인 과일입니다.

원산지

중앙아메리카, 남아메리카 북부

분포지역: 한국, 하와이, 서인도제도,
　　　　　미국 플로리다주, 말레이반도 등

제철

7~8월(국내산은 생산량이 많지 않아 가격이 높음)

효능

▶ 다이어트(낮은 칼로리)
▶ 소화 용이(단백질 분해 효소인 브로멜린이 소화를 돕습니다.)
▶ 체내 콜레스테롤 수치 저하
▶ 피로회복(비타민 다량 함유)

영양소 함량 정보(100g당)

열량	단백질	지방	탄수화물	식이섬유	칼륨	비타민A
23kcal	0.5g	0g	14.9g	1.6g	102mg	52RE

making
Pineapple jam

재료

파인애플	100g
프락토올리고당	100g
레몬주스	2g
펙틴	1g

(잼의 양: 120g, 당도: 60brix)

병 세척 및 건조

① 유리병을 물에 깨끗이 씻습니다. 씻은 유리병을 둥근 면이 바닥이 향하게 냄비에 넣은 다음 약 1~2센티미터 정도 물을 넣고 뚜껑을 닫습니다. **TIP** 유리병을 잘못 배치하면 병이 깨질 수도 있으니 주의하세요!(28쪽 참고)

② 냄비를 가열하여 약 2~3분간 끓여줍니다.

③ 가열을 끝내면 뚜껑을 열고 병을 꺼내 병 안쪽의 수분을 털어낸 다음 병목을 위로 가게 하여 잘 말려줍니다.

재료손질

※ 박피된 파인애플을 사용합니다.(냉동파인애플 또는 생파인애플)

① 파인애플을 흐르는 물에 씻습니다. 씻는 도중 변질되거나 손상된 파인애플은 제거합니다.

② 세척이 끝난 파인애플은 물기를 털어내고 냉동실에서 보관합니다.(보관하기 전에 잘게 썰어 주세요.) 소량으로 만들어 짧은 시일 내에 드실 거라면 생과일로 사용하는 것을 권합니다.

③ 생과일을 사용할 경우 프락토올리고당과 파인애플을 함께 믹서에 넣고 완전히 분쇄합니다.

TIP 프락토올리고당과 함께 넣어주면 훨씬 곱게 갈 수 있습니다.

❶ 냉동 파인애플과 프락토올리고당을 냄비에 넣고 가열하여 해동합니다. 가열하는 동안 내용물이 한곳에 머물러 타는 일이 없도록 천천히 저어 줍니다. 만일 잘 저어주지 못해 내용물이 타게 되면 과일 자체의 잡맛이나 프락토올리고당이 타서 나오는 엿맛이 발생되어 잼이 만들어진 이후의 관능(맛)을 해칠 우려가 있으므로 꼭 저어줘야 합니다.

❷ 냉동 파인애플과 프락토올리고당이 충분하게 가열하여 해동이 되면 불을 끕니다.(냄비의 중앙부분에서 작은 거품이 올라오면 해동이 된 것입니다.)

❸ 불을 끈 다음 냄비를 살짝 기울여 내용물을 냄비 깊숙한 곳에 모아 핸드믹서를 이용해서 완전히 분쇄합니다. 믹서 하단 홈이 1cm 이상 잠긴 상태에서 저속으로 분쇄를 시작하여 점차 고속으로 조절하여 분쇄합니다. 믹서 하단 홈이 충분히 잠기지 않거나 처음부터 고속으로 분쇄를 하면 내용물이 튀거나, 핸드믹서가 헛돌 수 있습니다.

❹ 다시 가열을 시작하고, 주걱으로 저어줍니다. 내용물이 냄비의 옆면에 묻지 않도록 골고루 저어줍니다. 내용물이 끓기 시작하면 펙틴을 첨가하고 잘 섞이도록 저어줍니다.

TIP 펙틴보다 레몬주스를 먼저 넣어주면 펙틴의 응고조건 중 산에 해당하는 조건이 충족되어 펙틴이 들어가자마자 응고되고 잘 풀리지 않을 수 있습니다.

❺ 펙틴이 잘 섞인 것을 확인한 다음 레몬주스를 첨가하고 계속 가열합니다. 거품이 커지고 두꺼워지거나 당도계 기준 60brix에 도달하면 가열을 멈춥니다.

여기까지만 채워주세요!

병에 넣어 보관하기

① 만들어진 잼은 건조된 병에 곧바로 넣습니다.

　　병목과 몸통 사이의 경계선에 맞춰서 담습니다.

② 잼을 병에 넣는 도중 병목이나 병 바깥쪽에 묻은 잼은 행주로 깨끗이 닦아냅니다.

③ 잼을 다 넣은 다음 재빨리 뚜껑을 닫습니다. **TIP** 잼의 온도가 떨어지기 전에 뚜껑을 닫아야 진

　　공 상태가 유지됩니다. 뚜껑을 바로 닫으면 안쪽에 이슬처럼 수분이 고이는데. 1~3일 안에 수분은 잼에

　　흡수되기 때문에 미생물이 번식할 염려는 하지 않아도 됩니다.

살균하기

살균은 30쪽을 참고하세요.

냉각 및 진공 확인

① 잼 병은 실온에서 식혔다가 30도까지 온도가 떨어지면 차가운 물에 담습니다.

② 병뚜껑에 진공 상태가 잡힌 것을 확인(뽕뽕 소리가 납니다)한 다음 병을 꺼냅니다.

품질유지기한 및 보관방법

본 레시피의 파인애플잼은(60brix 이상의 당도를 기준으로) 6개월 이상 보존이 가능합니다. 하
지만 뚜껑이 개봉되는 시점부터 공기를 통해 미생물이 유입되어 변질될 수 있으므로 개봉
후에는 반드시 냉장고에서 보관해야 합니다.

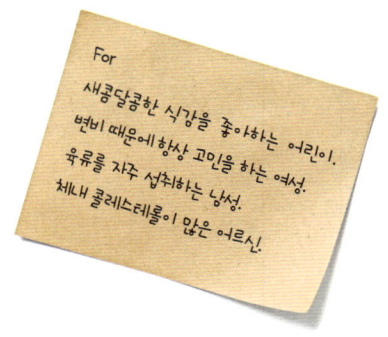

For
새콤달콤한 식감을 좋아하는 어린이.
변비 때문에 항상 고민을 하는 여성.
육류를 자주 섭취하는 남성.
체내 콜레스테롤이 많은 어르신.

enjoying
Pineapple jam

1. 빵과 크래커에 바르면 파인애플 고유의 맛과 향을 음미할 수 있습니다!

2. 소고기나 돼지고기 등 육류에 곁들여보세요. 파인애플은 육질을 부드럽게 하고, 단백질 분해 효소를 함유하고 있어 소화까지 도와줍니다.

3. 플레인요거트에 넣으면 상큼한 파인애플요거트 탄생!(시중에 판매하는 잼보다 농도가 진하지 않기 때문에 집에서 만든 요거트에 잘 섞입니다.)

4. 채소샐러드를 버무릴 때 소스 대신 파인애플잼을 넣어보세요. 물, 식초와 함께 넣으면 달콤하고 새콤한 향이 채소와 어울려 최고의 풍미를 선사합니다.

파인애플잼에 이색적인 풍미를 더하고 싶다면!

2012년 말, 라오스에서 자원봉사를 하는 단체에서 제품개발을 위한 기술에 대해 저에게 자문을 요청한 적이 있습니다. 가난한 마을에서 수익을 만들어낼 수 있도록 라오스에 풍부한 파인애플을 이용한 잼을 만들어 판매하겠다는 취지였습니다만, 문제가 몇 가지 있었답니다. 먼저 프락토올리고당이나 펙틴의 수급이 원활하지 못하다는 문제가 있었고 설탕과 꿀을 이용해 만들어야 한다는 조건이 있었습니다.

아무래도 당도가 높은 설탕을 사용해 제품을 개발하자니 단맛과 과일 자체 향이 자연스럽게 어울리지 않는 것은 물론, 꿀이 맛에 좋지 못한 영향을 끼쳤습니다. 이유야 어찌되었든 제품은 개발되어 출시되었지만 강렬한 단맛은 어쩌지 못했던 것 같습니다.

출시 이후 레시피 조정을 통해 제품 업그레이드를 하자는 의견에 제가 제시한 방법은 라오스에서 쉽게 구할 수 있는 코코넛을 사용하자는 것이었습니다. 테스트 결과 기존 레시피에 코코넛가루를 약간 첨가하자 새로운 맛이 나오기 시작했습니다. 파인애플의 달콤새콤한 강한 맛이 코코넛의 약간 느끼한 맛과 섞이면서 부드러우면서 담백한 맛이 생겨나게 되었답니다. 자체 향과 단맛이 강한 파인애플잼에 좀 더 담백함을 가미하고 싶다면 코코넛가루나 코코넛밀크를 약간 첨가해보세요.

taste of
Pineapple jam

신맛 파인애플 자체의 신맛에 레몬주스가 첨가되어 새콤함을 느낄 수 있습니다.

단맛 시중에 판매하는 잼에 비해 당도가 낮지만, 파인애플 자체의 향 덕에 강한 단맛을 느낄 수 있습니다.

감칠맛 시중에 판매하는 잼과 비슷한 감칠맛을 느낄 수 있습니다.

원재료향 파인애플은 원래가 향이 강한 과일입니다. 하지만 시중에 판매되는 파인애플 가공식품(주스, 아이스크림 등)에는 사과과즙농축액이 첨가되어 향이 셉`다. 때문에 파인애플 관련 가공식품에 비해 향이 덜 느껴질 수도 있습니다.

색상 밝은 노란색으로 입맛을 돋웁니다. 색상이 강하지 않기 때문에 샐러드소스로 활용하면 채소의 색상과 조화를 이룹니다.

농도 시중에 판매되는 잼에 비해 농도가 묽게 느껴질 수 있지만, 통식빵에 찍어먹는 디핑 잼(dipping jam)과 비교하면 농도가 짙은 편입니다. 빵이나 크래커에 잘 발리는 잼입니다.

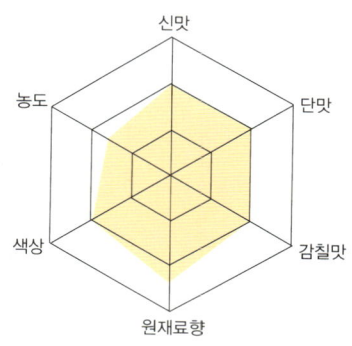

바나나잼

바나나 제대로 파악하기

이번에 만들어볼 잼은 바나나잼입니다. 과거 값비싼 과일로 인식되던 바나나가 요즘은 저렴한 가격에 쉽게 구할 수 있게 됐죠? 바나나는 펙틴이 풍부하게 함유되어 있어 잼의 3요소 중 하나인 펙틴을 별도로 첨가해주지 않아도 쉽게 잼을 만들 수 있습니다.

그럼 바나나에 대해 좀 더 알아볼까요? 바나나는 열대아시아가 원산지로 열량이 낮고 비타민A와 비타민C가 풍부합니다. 바나나는 칼로리가 낮고, 식이섬유가 풍부해 다이어트에 효과적이고, 변비를 예방할 수 있습니다. 바나나에 함유된 베타카로틴이라는 성분은 노화를 방지하고, 면역력을 길러줍니다. 또한 바나나에는 칼륨이 풍부해서 혈압을 낮춰주고, 나트륨을 몸 밖으로 배출해줍니다.

바나나는 일반적으로 날것으로 섭취하는데, 건조·가열 등의 가공을 거치기도 합니다. 하지만 이러한 장점들 뒤로하고 쉽게 갈변이 되거나 빠른 변질로 관리가 어려운 과일이기도 합니다.

그렇다면 바나나와의 궁합이 맞는 음식은 어떤 것이 있을까요? 대표적인 것이 바로 레몬이죠. 레몬즙을 바나나에 섞어주면 갈변현상을 막을 수 있답니다. 잼을 만들면서 첨가되는 산을 레몬으로 사용하면 갈변 없이 잼을 만들 수 있고 레몬 향과 잘 어우러져 맛있는 잼을 만들 수 있답니다.

분포지역

아시아, 남아메리카, 중앙아메리카

효능

▶ 다이어트

▶ 면역력 증대(풍부한 비타민)

▶ 혈압저하(풍부한 칼륨)

▶ 변비예방(풍부한 식이섬유)

영양소 함량 정보(100g당)

열량	단백질	지방	탄수화물	식이섬유	칼슘	나트륨	칼륨	비타민A
80kcal	1g	0g	21.2g	2.5g	6mg	1mg	279mg	18RE

BANANA

making
Banana jam

재료

바나나	100g
프락토올리고당	100g
레몬주스	2g
계피분말	1/6 t
펙틴	1g

(잼의 양: 110g, 당도: 60brix)

바나나잼을 만들 때 가열시간이 길어지면 바나나의 맛이 약을 먹는 듯이 느껴질 수 있답니다.('약맛' 발생) 이러한 맛을 눌러주기 위해 계피가루를 첨가합니다. 단 계피가루의 양을 최소로 하지 않으면 바나나 자체 향을 느낄 수 없습니다.

병 세척 및 건조

① 유리병을 깨끗이 씻고, 둥근 옆면이 바닥을 향하게 냄비에 넣은 다음 약 1~2cm 정도 물을 넣고 뚜껑을 닫습니다. **TIP** 유리병을 잘못 배치하면 병이 깨질 수도 있으니 주의하세요!(28쪽 참고)

② 약 2~3분간 끓여줍니다.

③ 냄비의 뚜껑을 열고 병을 꺼내 병 안쪽의 수분을 털어낸 다음 병목을 위로 향하게 하고 잘 말려줍니다.

재료손질

① 바나나의 껍질을 제거합니다.

② 바나나와 프락토올리고당, 레몬주스를 믹서에 넣고 완전 분쇄해줍니다. **TIP** 레몬주스는 바나나의 갈변을 막아주는 효과가 있답니다. 껍질을 제거하고 단시간 내에 갈변이 진행되는 바나나의 특성상 레몬주스와 함께 믹서로 분쇄를 하고 잼을 만들기 시작하시면 갈변을 어느 정도 막을 수 있습니다. 아울러 분쇄할 때 프락토올리고당도 함께 넣어주는 이유는 수분이 부족하여 믹서가 헛도는 현상을 막기 위해서입니다.

❶ 내용물을 냄비에 넣고 가열합니다. 가열하는 동안 내용물이 한곳에 머물러 타는 일이 없도록 천천히 저어줍니다. 만일 잘 저어주지 못해 내용물이 타게 되면, 과일 자체의 잡맛이나 프락토올리고당이 타서 나오는 엿맛이 발생되어 잼이 만들어진 이후의 관능(맛)을 해칠 우려가 있으므로 꼭 저어줘야 합니다.

❷ 내용물이 끓기 시작하면 계피가루를 넣고 잘 풀어줍니다.

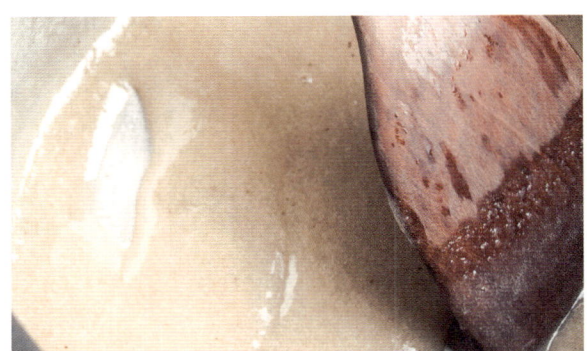

❸ 이후 약한 불로 조절한 다음 빠른 속도로 저어주면서 수분을 증발합니다.(다른 과일잼과 다르게 약한 불로 줄여주는 이 유는 수분이 부족한 과일로 다른 고·일잼에 비해 조리과정에서 쉽게 타·거나 튈 수 있기 때문입니다.) 거품이 커지고 두꺼워지거나 당도계 기준 60brix에 도달하면 가열을 멈춥니다.

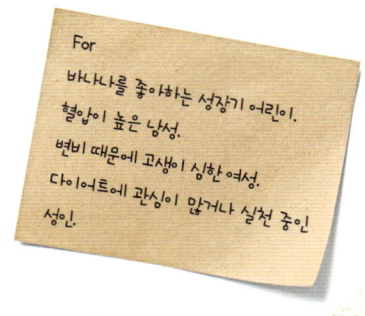

병에 넣어 보관하기

① 만들어진 잼은 건조된 병에 곧바로 넣습니다.

　병목과 몸통 사이의 경계선에 맞춰서 담습니다.

② 잼을 병에 넣는 도중 병목이나 병 바깥쪽에 묻은 잼은 행주로 깨끗이 닦아냅니다.

③ 잼을 다 넣은 다음 재빨리 뚜껑을 닫습니다. **TIP** 잼의 온도가 떨어지기 전에 뚜껑을 닫아야 진

　공 상태가 유지됩니다. 뚜껑을 바로 닫으면 안쪽에 이슬처럼 수분이 고이는데, 1~3일 안에 수분은 잼에 흡

　수되기 때문에 미생물이 번식할 염려는 하지 않아도 됩니다.

살균하기

살균은 30쪽을 참고하세요.

냉각 및 진공 확인

① 잼 병은 실온에서 식혔다가 30도까지 온도가 떨어지면 차가운 물에 담습니다.

② 병뚜껑에 진공 상태가 잡힌 것을 확인(뽕뽕 소리가 납니다)한 다음 병을 꺼냅니다.

품질유지기한 및 보관방법

본 레시피의 바나나잼은(60brix 이상의 당도를 기준으로) 6개월 이상 보존이 가능합니다. 하지
만 뚜껑이 개봉되는 시점부터 공기를 통해 미생물이 유입되어 변질될 수 있으므로 개봉 후
에는 반드시 냉장고에서 보관해야 합니다.

For

바나나를 좋아하는 성장기 어린이.
혈압이 높은 남성.
변비 때문에 고생이 심한 여성.
다이어트에 관심이 많거나 실천 중인
성인.

enjoying
Banana jam

1. 빵과 크래커에 바르면 바나나 고유의 맛과 향을 음미할 수 있습니다!
2. 채소샐러드를 버무릴 때 소스 대신 바나나잼을 넣어브세요. 물, 식초와 함께 넣으면 달콤한
   바나나 향이 채소와 어우러져 이색적인 풍미를 선사합니다.

taste of
Banana jam

신맛 바나나 자체의 신맛이 거의 없지만 레몬주스가 신맛을 약간 돋웁니다.

단맛 계피가루를 첨가했지만, 바나나 원래의 맛에 비해 달게 느껴질 수 있습니다.

감칠맛 단맛에 비해 감칠맛은 많이 느껴지지 않습니다.

원재료향 계피가루를 첨가해서 바나나향은 약간 약해질 수 있습니다.

색상 계피가루의 색상이 어두운 갈색이므로 완성된 바나나잼의 색깔은 백색이 아닌 살짝 갈색
   빛이 돕니다.

농도 다른 잼에 비해 약간 묽은 편입니다.

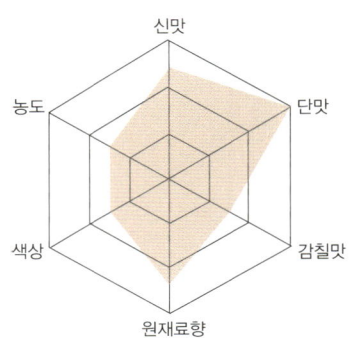

homemade jam

채소잼
만들기

채소로도 잼을 만들 수 있다? 시중에 판매되고 있는 잼 대부분은 주재료가 과일인데요, 채소로도 잼을 만들 수가 있답니다. 하지만 과일잼과 다르게 달콤새콤한 맛보다는 채소 고유의 향을 많이 함유하고 있습니다.

'잼은 과일만으로 만들 수 있다'는 고정관념을 벗어나면 향이 살아 있는, 다양한 채소잼을 즐길 수 있습니다.

파프리카 제대로 파악하기

파프리카는 아삭하고 향긋한 맛 못지않게 화려한 색상으로 눈을 즐겁게 해주는 채소입니다. 빨간색, 초록색, 노란색, 주황색 등 색상도 화려한데, 색상마다 효능이 조금씩 다르다고 합니다. 파프리카는 '비타민의 보고'라 할 만큼 비타민을 많이 함유하고 있습니다.

붉은색 파프리카는 리코펜을 함유하고 있어 질병과 노화의 주원인인 활성산소가 생성되는 것을 억제합니다. 또한 초록색 파프리카에 비해 베타카로틴이 100배 이상 풍부하여 암을 예방하고 면역력을 높여줍니다.

초록색 파프리카는 파프리카 가운데 칼로리가 가장 낮아서 다이어트에 굉장히 좋은 효과를 준다고 합니다. 또한 유기질과 철분이 풍부해서 빈혈을 예방하는 데 아주 좋습니다.

노란색 파프리카는 매운맛이 덜하고 단맛이 강한데, 피라진과 루테인 성분을 많이 함유하고 있어 고혈압과 심근경색 등 혈관질환을 예방하고 개선하는 데 효과적이라고 합니다. 또한 눈의 피로를 막아주고 생체리듬을 유지하는 데 탁월하다고 합니다.

주황색 파프리카는 비타민A와 비타민E가 풍부해서 피부가 노화되는 것을 막아주고, 칼슘, 철분, 칼륨 등 성장기에 필요한 성분이 많아서 성장기 어린이와 청소년에게 아주 좋다고 합니다.

자신이나 가족의 건강 상태에 맞춰 잼을 만들어 먹으면 좋겠지요? 저는 다양한 색깔 중에서도 단맛이 강한 노란 파프리카로 잼을 만들어보기를 추천해드립니다.

중앙아메리카

5~7월

▸ 활성산소 억제

▸ 암 예방, 면역력 증대

▸ 다이어트

▸ 빈혈예방

▸ 고혈압, 심근경색 등 혈관질환 예방 및 개선

▸ 기미, 주근깨 예방 등 피부미용

▸ 고혈압, 심근경색 등 혈관질환 예방 및 개선

▸ 눈 건강

▸ 항산화 효과

▸ 성인병 예방

영양소 함량 정보(100g당)

열량	단백질	지방	탄수화물	식이섬유	칼륨	비타민A	비타민C
24kcal	1g	0.1g	5.8g	1.7g	248mg	60RE	154mg

making
Paprika jam

재료

파프리카(노랑)	100g
프락토올리고당	100g
레몬주스	6g
펙틴	1g

(잼의 양: 110g, 당도: 60brix)

병 세척 및 건조

① 유리병을 깨끗이 씻고, 둥근 옆면이 바닥을 향하게 냄비에 넣은 다음 약 1~2cm 정도 물을 넣고 뚜껑을 닫습니다. **TIP** 유리병을 잘못 배치하면 병이 깨질 수도 있으니 주의하세요!(28쪽 참고)

② 약 2~3분간 끓여줍니다.

③ 냄비의 뚜껑을 열고 병을 꺼내 병 안쪽의 수분을 털어낸 다음 병목을 위로 향하게 하고 잘 말려줍니다.

재료손질

① 파프리카를 반으로 잘라 꼭지와 씨앗을 제거한 다음 흐르는 물에 씻습니다. 손상된 부분은 제거합니다.

❶ 깨끗이 씻은 파프리카는 수분을 잘
털어낸 다음 프락토올리고당을 함께
믹서에 넣고 완전 분쇄합니다.

TIP 씹히는 맛이 거의 없이 부드러운 잼을
만들고 싶으면 손질한 파프리카를 뜨
거운 물에 살짝 데치고, 껍질을 벗긴
후 분쇄하세요.

❷ 내용물을 냄비에 넣고 가열합니다.
가열하는 동안 내용물이 한곳에 머
물러 타지 않도록 천천히 젓습니다.

TIP 잘 젓지 않으면 드락토올리고당이 타
면서 엿맛이 발생하여 잼 맛에 우러나
올 수 있습니다.

❸ 파프리카와 프락토올리고당이 끓기
시작하면 펙틴을 흘뿌려주고 잘 섞
어줍니다.

❹ 레몬주스를 첨가하고 계속 가열합니
다. 거품이 커지고 두꺼워지거나 당
도계 기준 60brix에 도달하면 가열
을 멈춥니다.

TIP 과일잼과 달리 첨가하는 레몬주스 양
이 많은 까닭은 가열하는 과정에서 발
생하는 비릿한 향과 파프리카 자체의
향을 눌러주기 위해서입니다.

95

병에 넣어 보관하기

① 만들어진 잼은 건조된 병에 곧바로 넣습니다.

　　병목과 몸통 사이의 경계선에 맞춰서 담습니다.

② 잼을 병에 넣는 도중 병목이나 병 바깥쪽에 묻은 잼은 행주로 깨끗이 닦아냅니다.

③ 잼을 다 넣은 다음 재빨리 뚜껑을 닫습니다. **TIP** 잼의 온도가 떨어지기 전에 뚜껑을 닫아야 진

　　공 상태가 유지됩니다. 뚜껑을 바로 닫으면 안쪽에 이슬처럼 수분이 고이는데, 1~3일 안에 수분은 잼에

　　흡수되기 때문에 미생물이 번식할 염려는 하지 않아도 됩니다.

살균하기

살균은 30쪽을 참고하세요.

냉각 및 진공 확인

① 잼 병은 실온에서 식혔다가 30도까지 온도가 떨어지면 차가운 물에 담습니다.

② 병뚜껑에 진공 상태가 잡힌 것을 확인(뽕뽕 소리가 납니다)한 다음 병을 꺼냅니다.

품질유지기한 및 보관방법

본 레시피의 파프리카잼은(60brix 이상의 당도를 기준으로) 6개월 이상 보존이 가능합니다. 하
지만 뚜껑이 개봉되는 시점부터 공기를 통해 미생물이 유입되어 변질될 수 있으므로 개봉
후에는 반드시 냉장고에서 보관해야 합니다.

For
채소를 잘 먹으려고 하지 않는 어린이.
피부의 노화를 방지하고 탄력을 유지하고 싶은 여성.
다이어트에 관심이 많거나 실천 중인 성인.
고혈압, 심근경색 등 혈관질환 때문에 음식을 조절해야
하는 어르신.

enjoying
Paprika jam

1. 빵과 크래커에 바르면 파프리카 고유의 맛과 향을 음미할 수 있습니다!
2. 채소샐러드를 버무릴 때 소스 대신 파프리카잼을 넣어보세요. 물, 식초와 함께 넣으면 파프리카 향이 채소와 어우러져 색다른 풍미를 선사합니다.

taste of
Paprika jam

신맛 과일잼에 비해 산의 함량을 높여 신맛이 강한 편입니다.

단맛 파프리카의 향이 단맛을 눌러줍니다.

감칠맛 레몬주스와 파프리카가 어우러져 상큼하고 달콤한- 맛으로 감칠맛이 약간 높은 편입니다.

원재료향 레몬주스의 신맛이 파프리카의 향을 강화해 원재료의 향을 충분히 느낄 수 있습니다.

색상 밝은 노란색을 띠며 입맛을 돋웁니다.

농도 시중에 판매되는 잼보다 약간 묽습니다.

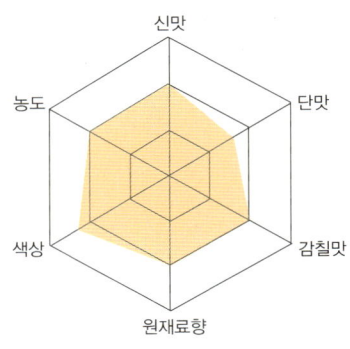

VEGETABLE
JAM

청양고추잼

청양고추로 잼을 만든다고 하면 열에 아홉 분은 깜짝 놀라시더라고요. 청양고추는 우리나라 식품 규격을 결의하는 식품공전에서 정의하는 잼의 범주에서는 벗어나 있습니다. 그 이유는 제가 이 책의 앞부분에서 말씀드렸습니다. 청양고추로 잼을 만드는 방법 또한 여느 잼과는 조금 다릅니다. 삼투압에 의한 추출방식을 이용해야 합니다.

그럼 먼저 청양고추에 대해 알아볼까요? 청양고추가 매운 이유는 캡사이신이 다량으로 함유되어 있기 때문인데요, 여느 고추와 달리 이 성분이 월등해서 기초대사율이 높아 다이어트에 효과적입니다. 또한 비타민C는 피로한 몸을 회복시켜주고, 몸속에서 혈액이 원활하게 순환하는 데 도움을 줍니다. 감기를 예방하는 효과도 있습니다.

제철

6~11월

효능

▶ 다이어트

▶ 감기예방

▶ 혈액순환

▶ 피로회복

영양소 함량 정보(100g당)

열량	단백질	지방	탄수화물	칼슘	나트륨	칼륨	비타민A	비타민C
27kcal	1.6g	0.2g	5.9g	9mg	14mg	386mg	1RE	30mg

CHEONGYANG
RED PEPPER

101

making
Cheongyang
red pepper jam

재료

청양고추	80g
프락토올리고당	400g
레몬주스	40g
펙틴	8g
라즈베리	10알

(잼의 양: 350g, 당도: 78brix)

청양고추잼은 가열된 프락토올리고당에서 청양고추를 삼투압작용으로 추출하여 만듭니다.

병 세척 및 건조

① 유리병을 깨끗이 씻고, 둥근 옆면이 바닥을 향하게 냄비에 넣은 다음 약 1~2cm 정도 물을 넣고 뚜껑을 닫습니다. **TIP** 유리병을 잘못 배치하면 병이 깨질 수도 있으니 주의하세요!(28쪽 참고)

② 약 2~3분간 끓여줍니다.

③ 냄비의 뚜껑을 열고 병을 꺼내 병 안쪽의 수분을 털어낸 다음 병목을 위로 향하게 하고 잘 말려줍니다.

재료손질

① 청양고추의 꼭지를 제거하고 깨끗이 씻습니다.

② 손질이 끝난 청양고추는 수분을 잘 털어내고 엇썰어줍니다.

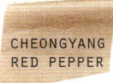

❶ 엇썬 청양고추와 라즈베리, 프락토올
리고당을 냄비에 넣고 가열합니다. 가
열하는 동안 내용물이 한곳에 머물
러 타지 않도록 천천히 저어줍니다.
내용물이 끓기 시작하면 불을 끄고
뚜껑을 닫은 채 3분 정도 놔둡니다.

> **TIP** 삼투압을 진행할 때는 반드시 뚜껑을
> 닫아야 합니다. 그래야 청양고추의 매
> 운 향이 집 안에 퍼지는 것을 막고, 열
> 이 손실되는 현상과 올리고당이 건조
> 해지는 현상을 막을 수 있습니다.

❷ 주걱으로 내용물을 잘 저어서 섞습
니다. 다시 약 5분 동안 놔둡니다. 마
지막으로 다시 한 번 섞어주고 약 2
분 동안 기다립니다.

> **TIP** 농도가 높은 프락토올리고당은 농도가
> 낮은 청양고추로부터 즙을 추출하는
> 데, 시간이 지날수록 청양고추를 둘러
> 싼 부분의 농도가 청양고추에서 빠져
> 나온 묽은 농도의 즙으로 감싸이게 됩
> 니다. 때문에 일정 시간이 지나면 삼투
> 압이 제대로 이루어지지 않습니다. 그
> 래서 중간에 한 번씩 내용물을 섞어서
> 청양고추 주변의 농도를 높여줘야 합
> 니다. 그렇게 하면 효율적으로 청양고
> 추의 액을 추출할 수 있습니다.

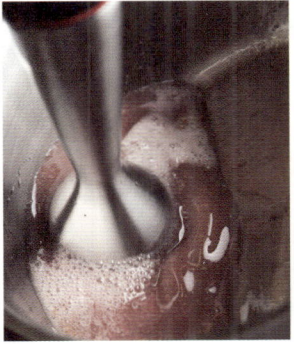

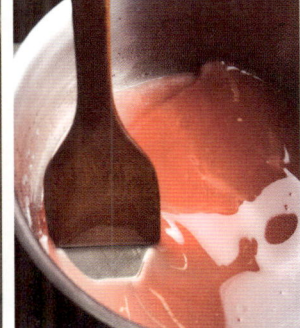

❸ 뚜껑을 열고 분당체로 청양고추의
씨와 청양고추 건더기를 모두 덜어
냅니다

> **TIP** 삼투압이 끝난 청양고추는 투명하고 조
> 글조글하게 말려 있는 모양을 띱니다.

❹ 건더기를 건져낸 다음 펙틴을 첨가
하고 덩어리지지 않도록 핸드믹서로
잘 풀어줍니다.

❺ 레몬주스를 첨가하고 잘 섞어줍니다.

> **TIP** 레몬주스를 첨가하면 펙틴이 바로 반
> 응을 시작하여 응고되기 시작합니다.
> 라즈베리를 첨가하면 잼의 선명한 빛
> 깔을 유지할 수 있습니다.

103

※청양고추잼은 가열시간이 소금잼에 이어 두 번째로 짧은 잼으로 처음 가열하고 나서 다시 가열하지 않습니다.

병에 넣어 보관하기

① 만들어진 잼은 건조된 병에 곧바로 넣습니다.

   병목과 몸통 사이의 경계선에 맞춰서 담습니다.

② 병에 넣는 도중 병목 등에 묻은 잼은 젖은 행주로 깨끗이 닦아냅니다.

③ 잼을 다 넣은 다음 병목 부분에 잼이 묻지 않은 상태를 확인하고 신속하게 뚜껑을 닫습니다. **TIP** 진공이 약하게 잡힐 수 있으니 뜨거운 물에 중탕으로 가열하여 온도를 약 80도 이상으로 올린 다음 잼을 병에 넣으시기 바랍니다.

여기까지만 채워주세요!

살균하기

살균은 30쪽을 참고하세요.

냉각 및 진공 확인

① 잼 병은 실온에서 식혔다가 30도까지 온도가 떨어지면 차가운 물에 담습니다.

② 병뚜껑에 진공 상태가 잡힌 것을 확인(뿅뿅 소리가 납니다)한 다음 병을 꺼냅니다.

품질유지기한 및 보관방법

본 레시피의 청양고추잼은 진공과 살균을 거친다는 가정하에 약 6개월 이상 보존이 가능합니다. 뚜껑 개봉 후 가급적 냉장고에서 보관하시기 바랍니다.

※ 착즙기로 청양고추를 짠 액으로 만들면 안 되나요?

착즙액으로 잼을 만들면 매운맛이 많이 강화되어 부드러운 매운맛이 아닌, 거친 매운맛이 납니다. 삼투압으로 추출해서 만든 첫맛과 끝맛의 차이를 느끼기 어렵습니다.

For
새로운 잼을 맛보고 싶은 잼 애호가.
다이어트를 계획하거나 실천 중인 여성.
매운맛을 즐기는 어르신.
생선류와 육류를 소스와 곁들여 먹기를
좋아하는 남성.

enjoying

Cheongyang
red pepper jam

1. 빵과 크래커에 바르면 청양고추 고유의 맛과 향을 음미할 수 있습니다!
2. 냉동 훈제연어를 드실 때 소스 대신 청양고추잼을!(첫맛의 레몬향이 연어의 맛과 잘 어우러지며, 끝맛의 매콤하면서도 쌉쌀한 맛이 비린 맛을 잡아줍니다.)
3. 햄버거나 샌드위치에 넣어 먹으면 느끼함은 낮추고, 달콤하고 깔끔한 맛이 살아납니다.
4. 감자튀김과도 궁합이 맞아요!

taste of

Cheongyang
red pepper jam

신맛 레몬주스의 투입량이 상대적으로 높지만 청양고추의 매콤함이 신맛을 눌러줍니다.

단맛 당도가 70brix 이상으로 상당히 높은 편이지만, 신맛과 매운맛의 영향으로 단맛이 많이 느껴지지 않습니다.

감칠맛 레몬주스와 청양고추 모두 재료의 특성상 감칠맛이 높습니다.

원재료향 첫맛과 끝맛이 확연하게 나닙니다. 첫맛의 레몬맛과 끝맛의 매콤한 맛을 확연하게 느낄 수 있습니다.

색상 라즈베리를 첨가하여 핑크색이 감돌아 입맛을 돋웁니다.

농도 시중에 판매되는 잼보다 많이 묽지만, 시중에 판매되는 소스와 비교하면 농도는 조금 짙습니다.

오이잼

오이 제대로 파악하기

어느 집이나 냉장고를 뒤져보면 바닥을 굴러다니는 오이 한두 개쯤은 발견할 수 있을 겁니다. 그만큼 오이는 우리에게 익숙한 채소인데요. 여러분은 오이를 과연 얼마나 알고 계십니까? 오이는 100g당 칼로리가 15kcal밖에 안 되면서도, 수분을 90% 이상 함유하고 있어 다이어트 식재료로 단연 으뜸입니다. 흔히 다이어트를 하면 변비를 겪게 되는데. 오이는 수분뿐 아니라 식이섬유도 풍부해서 장운동을 활발하게 유도하여 변비도 해결해줍니다. '오이' 하면 생각나는 것 중 하나가 오이팩이죠? 오이는 비타민C를 다량으로 함유하고 있어 피부 미백은 물론 보습 효과까지 탁월합니다. 칼륨 성분도 풍부해서 몸속에 쌓여 있는 나트륨이나 노폐물을 배출하는 등 해독에도 좋습니다. 고혈압을 예방하고 개선해준다고 하니 고혈압 환자분들에게도 적극 추천해드릴 만한 채소입니다. 오이가 함유한 아스코르빈이라는 성분은 체내에 남아 있는 알코올을 짧은 시간 안에 분해하여 체외로 배출시켜준다고 합니다.

오이로 잼을 만들면 대체 어떤 맛이 나올까요? 쉽게 상상이 되지 않죠? 저는 오이로 잼을 개발하면서 굉장히 많은 시행착오를 겪었습니다. 만들면서 발견한 사실인데, 시원한 맛을 더해주는 오이가 실은 비린내 또한 만만치 않더라고요. 오이의 비릿한 맛은 가열하면 할수록 더욱 강해집니다. 하지만 잼이라는 음식의 특성상 짧은 시간 동안 가열을 해야 하는 탓에 특유의 비린내를 잡는 것이 쉽지 않았습니다. 해결책은 다른 잼에 비해 레몬주스 양을 조금 더 첨가하는 것인데, 만들고 나서 시식해보니 맛이 참으로 오묘했습니다. 오이의 청량감이 느껴지면서, 오이와는 다른 담백한 맛이 혀끝에 남더라고요.

원산지

인도. 전 세계 각지로 분포

제철

6~7월

효능

▸ 다이어트

▸ 피부보습, 미백, 노화방지

▸ 노폐물 제거, 부종예방

▸ 피로회복

▸ 고혈압 예방

영양소 함량 정보(100g당)

열량	단백질	지방	탄수화물	식이섬유	칼륨	비타민A	비타민C
15kcal	0.65g	0.11g	3.63g	0.5g	147mg	5RE	2.8mg

CUCUMBER

making
Cucumber jam

재료

오이	200g
프락토올리고당	200g
레몬주스	16g
펙틴	3g

(잼의 양: 210g, 당도: 60brix)

병 세척 및 건조

① 유리병을 깨끗이 씻고, 둥근 옆면이 바닥을 향하게 냄비에 넣은 다음 약 1~2cm 정도 물을 넣고 뚜껑을 닫습니다. **TIP** 유리병을 잘못 배치하면 병이 깨질 수도 있으니 주의하세요!(28쪽 참고)

② 약 2~3분간 끓여줍니다.

③ 냄비의 뚜껑을 열고 병을 꺼내 병 안쪽의 수분을 털어낸 다음 병목을 위로 향하게 하고 잘 말려줍니다.

재료손질

① 오이를 깨끗이 씻은 다음 껍질을 벗깁니다. 쓴맛을 내는 꼭지 부분을 제거해주세요.

② 손질한 오이는 수분을 털어냅니다.

❶ 오이와 프락토올리고당을 함께 믹서에 넣고 완전히 분쇄합니다.

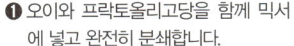

TIP 올리고당과 함께 넣고 분쇄하면 곱게 잘 갈립니다.

❷ 내용물을 냄비에 넣고 가열합니다. 가열하는 동안 내용물이 한곳에 머물러 타지 않도록 천천히 저어줍니다. 골고루 저어주지 않아 내용물이 타게 되면 오이 자체가 지닌 잡맛이 발생할 수도 있고, 프락토올리고당이 타면서 엿맛이 발생해 잼이 만들어지고 나서 본래의 맛을 해칠 수 있습니다. 이 점을 유념하고 반드시 골고루 저어주세요.

❸ 오이와 프락토올리고당이 충분히 가열되고 끓기 시작하면 펙틴을 흩어 뿌려준 다음 잘 섞어줍니다. 펙틴이 잘 섞인 것을 확인한 다음 레몬주스를 첨가하고 계속 가열합니다.

TIP 과일잼에 비해 오이잼에는 레몬주스가 많이 들어갑니다. 레몬주스는 가열 과정에서 발생하는 비릿한 향을 잡아주고 오이 특유의 향을 만들어줍니다. 오이와 레몬주스는 각자가 지닌 향이 서로 어울리는 것이 아니라 전혀 새로운 맛과 향을 만들어냅니다!

❹ 거품이 커지고 두꺼워지거나 당도계 기준 60brix에 도달하면 가열을 멈춥니다.

여기까지만
채워주세요!

병에 넣어 보관하기

① 만들어진 잼은 건조된 병에 곧바로 넣습니다.

　병목과 몸통 사이의 경계선에 맞춰서 담습니다.

② 잼을 병에 넣는 도중 병목이나 병 바깥쪽에 묻은 잼은 행주로 깨끗이 닦아냅니다.

③ 잼을 다 넣은 다음 재빨리 뚜껑을 닫습니다. **TIP** 잼의 온도가 떨어지기 전에 뚜껑을 닫아야 진

　공 상태가 유지됩니다. 뚜껑을 바로 닫으면 안쪽에 이슬처럼 수분이 고이는데, 1~3일 안에 수분은 잼에

　흡수되기 때문에 미생물이 번식할 염려는 하지 않아도 됩니다.

살균하기

살균은 30쪽을 참고하세요.

냉각 및 진공 확인

① 잼 병은 실온에서 식혔다가 30도까지 온도가 떨어지면 차가운 물에 담습니다.

② 병뚜껑에 진공 상태가 잡힌 것을 확인(뽕뽕 소리가 납니다)한 다음 병을 꺼냅니다.

품질유지기한 및 보관방법

본 레시피의 오이잼은(60brix 이상의 당도를 기준으로) 6개월 이상 보존이 가능합니다. 하지만
뚜껑이 개봉되는 시점부터 공기를 통해 미생물이 유입되어 변질될 수 있으므로 개봉 후에
는 반드시 냉장고에서 보관해야 합니다.

For
오이를 먹기 꺼려 하는 성장기 어린이, 청소년.
다이어트를 실천 중이거나 계획 중인 여성.
전날 과음으로 숙취를 달래고 싶은 직장인.
몸이 자주 붓거나 고혈압 때문에 음식을 가려
먹는 성인, 어르신.

enjoying
Cucumber jam

1. 빵과 크래커에 바르면 오이 고유의 맛과 향을 음미할 수 있습니다!
2. 채소샐러드를 버무릴 때 소스 대신 오이잼을 넣어보세요. 물, 식초와 함께 넣으면 오이 향이
   채소와 어우러져 독특한 풍미를 선사합니다.

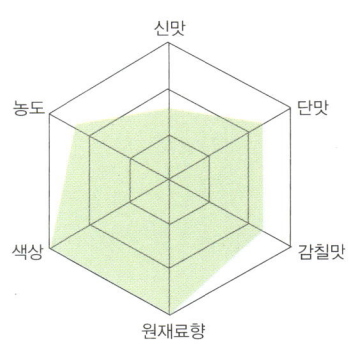

taste of
Cucumber jam

신맛 다른 과일잼에 비해 산의 함량이 높지만 으이 자체의 향과 섞여 신맛을 강하게 느끼지 못
합니다.

단맛 오이의 청량감 있는 맛이 단맛을 눌러줍니다.

감칠맛 레몬주스와 오이가 어우러져 독특한 맛을 냅니다. 감칠맛이 강하게 느껴지지만, 오이 자
체의 비린 맛이 완전히 사라지지 않기 때문에 취향이 갈릴 수 있습니다.

원재료향 오이 자체의 향이 남아 있긴 하지만, 전체적으로 새로운 향이 생겨납니다.

색상 밝은 연두색을 띠고 있어 부드러운 느낌을 줍니다.

농도 일반적인 잼보다 농도가 약간 묽습니다.

VEGETABLE
JAM

마늘잼

마늘 체대로 파악하기

마늘은 우리나라 사람들에게 상당히 친숙한 식재료죠. 단군신화에서도 곰과 호랑이가 쑥과 마늘을 먹으며 버텨야 했습니다. 여기서 마늘은 신령스러운 약을 의미한다고 합니다. 그 때문일까요? 마늘은 우리나라 음식 대부분에 들어가는 필수 재료이기도 합니다. 이렇듯 마늘의 활용도가 높은 까닭은 비린 맛을 잡아주고, 향이 강해서 식욕을 증진해주는 효과 때문일 것입니다.

마늘의 장점은 이뿐만이 아니죠. 좀 더 마늘의 효능을 살펴볼까요?

마늘은 몸속 활성산소를 억제하고 제거해줍니다. 때문에 항암작용에도 탁월합니다. 마늘에는 알리신이라는 성분이 있는데 우리 몸속에서 살균, 항균하는 역할을 해서 면역력을 키워줍니다. 또한 혈액순환과 신진대사를 활발하게 하고 남성 호르몬을 분비시켜 체력이 떨어진 남성분에게 더없이 좋습니다. 마늘은 비단 혈액순환만 촉진하는 것이 아니라 혈소판이 응집되는 것을 막아주고, 혈관을 깨끗하게 해줍니다. 우리 몸의 세포가 노화되는 것을 늦춰주기도 합니다.

원산지	제철
아시아	5~8월

효능

▶ 항암작용 ▶ 면역력강화

▶ 정력증진 ▶ 혈관건강

▶ 노화방지

영양소 함량 정보(100g당)

열량	단백질	지방	탄수화물	식이섬유	칼륨	비타민C
136kcal	5.4g	0g	30g	2mg	664mg	28mg

GARLIC

117

VEGETABLE JAM

making
Garlic jam

재료

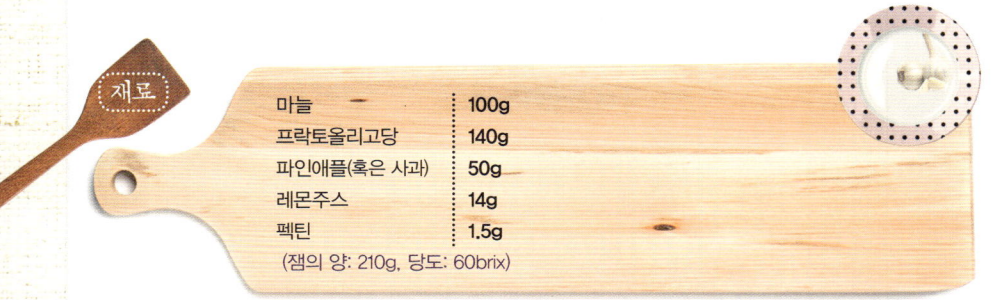

마늘	100g
프락토올리고당	140g
파인애플(혹은 사과)	50g
레몬주스	14g
펙틴	1.5g

(잼의 양: 210g, 당도: 60brix)

병 세척 및 건조

① 유리병을 깨끗이 씻고, 둥근 옆면이 바닥을 향하게 냄비에 넣은 다음 약 1~2cm 정도 물을 넣고 뚜껑을 닫습니다. **TIP** 유리병을 잘못 배치하면 병이 깨질 수도 있으니 주의하세요!(28쪽 참고)

② 약 2~3분간 끓여줍니다.

③ 냄비의 뚜껑을 열고 병을 꺼내 병 안쪽의 수분을 털어낸 다음 병목을 위로 향하게 하고 잘 말려줍니다.

재료손질

① 껍질을 벗기고 꼭지를 제거한 후 깨끗이 씻습니다.다. 파인애플도 깨끗이 씻습니다.(사과로 만들 경우 껍질을 벗긴 다음 씨를 제거합니다.)

② 손질이 끝난 마늘과 파인애플(혹은 사과)의 수분을 털어내고, 파인애플(혹은 사과)를 잘게 썹니다.

❶ 마늘을 냄비에 넣고 마늘이 충분히 덮일 정도로 물을 부어준 후 뚜껑을 닫고 가열을 시작합니다. 물이 끓기 시작하면 약한 불로 조절하고 약 10 분간 더 삶은 다음, 물을 버리고 마늘만 남겨둡니다.

TIP 마늘의 매운 냄새는 알리나제가 알리신을 생성하는 과정에서 발생하는데, 알리나제는 열에 약한 특성이 있습니다. 마늘을 가열하면 맵고 독한 향이 생성되지 못합니다. 마늘잼을 만들 때 마늘을 삶고 완전히 분쇄하고 가열하면 잼을 만들고 난 후에도 독한 향이 느껴지지 않습니다.

❷ 삶은 마늘과 파인애플(또는 사과)와 프락토올리고당을 넣고 냄비를 가열합니다. 내용물이 끓기 시작하면 불을 끄고, 펙틴과 파인애플(또는 사과)을 첨가한 다음 핸드믹서로 완전히 분쇄해줍니다.

❸ 펙틴이 잘 섞인 것을 확인한 다음 레몬주스를 첨가하고 다시 가열하면서 잘 저어줍니다. 거품이 커지고 두꺼워지거나 당도계 기준 60brix에 도달하면 가열을 멈춥니다.

TIP 과일잼에 비하 레몬주스를 많이 넣는 이유는 파인애플(또는 사과)의 갈변을 막는 동시에 마늘잼의 새큼함을 더해주기 위해서입니다.

119

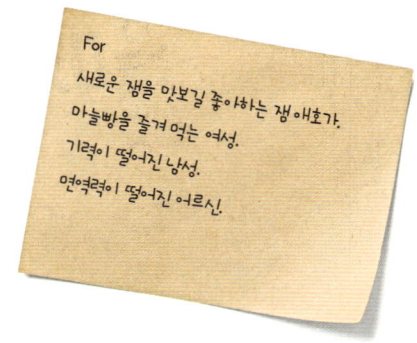

여기까지만 채워주세요!

병에 넣어 보관하기

① 만들어진 잼은 건조된 병에 곧바로 넣습니다.

　병목과 몸통 사이의 경계선에 맞춰서 담습니다.

② 잼을 병에 넣는 도중 병목이나 병 바깥쪽에 묻은 잼은 행주로 깨끗이 닦아냅니다.

③ 잼을 다 넣은 다음 재빨리 뚜껑을 닫습니다.　**TIP**　잼의 온도가 떨어지기 전에 뚜껑을 닫아야

　진공 상태가 유지됩니다. 뚜껑을 바로 닫으면 안쪽에 이슬처럼 수분이 고이는데, 1~3일 안에 수분은 잼에

　흡수되기 때문에 미생물이 번식할 염려는 하지 않아도 됩니다.

살균하기

살균은 30쪽을 참고하세요.

냉각 및 진공 확인

① 잼 병은 실온에서 식혔다가 30도까지 온도가 떨어지면 차가운 물에 담습니다.

② 병뚜껑에 진공 상태가 잡힌 것을 확인(뽕뽕 소리가 납니다)한 다음 병을 꺼냅니다.

품질유지기한 및 보관방법

본 레시피의 마늘잼은(60brix 이상의 당도를 기준으로) 6개월 이상 보존이 가능합니다. 하지만

뚜껑이 개봉되는 시점부터 공기를 통해 미생물이 유입되어 변질될 수 있으므로 개봉 후에

는 반드시 냉장고에서 보관해야 합니다.

For

새로운 잼을 맛보길 좋아하는 잼애호가,

마늘빵을 즐겨 먹는 여성,

기력이 떨어진 남성,

면역력이 떨어진 어르신,

enjoying

Garlic jam

1. 빵과 크래커에 바르면 마늘 고유의 맛과 향을 음미할 수 있습니다!
2. 샌드위치를 만들 때 소스 대신 마늘잼을 넣어보세요. 마늘의 향과 맛이 독특한 풍미를 선사
   합니다.

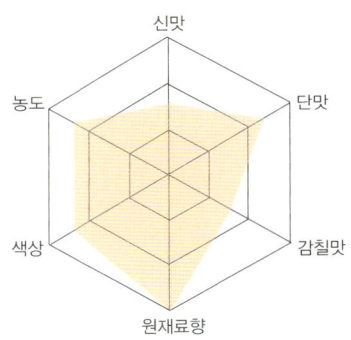

taste of

Garlic jam

신맛 가열된 마늘의 담백한 맛이 레몬주스의 신맛을 많이 눌러줍니다.

단맛 파인애플(또는 사과)을 첨가해서 측정 당도 이상 단맛이 느껴집니다.

감칠맛 레몬주스를 많이 첨가하였지만 감칠맛은 그리 강하지 못합니다.

원재료향 삶은 마늘을 사용하기 때문에 향은 많이 완화되지만, 매운맛을 제외한 마늘 향은 충
분히 느낄 수 있습니다.

색상 약간 어두운 흰색을 띠며 입맛을 자극합니다.

농도 시중에 판매되는 잼보다 약간 묽은 편입니다.

신맛

농도　　　　단맛

색상　　　　감칠맛

원재료향

homemade jam

나물잼
만들기

나물은 먹을 수 있는 풀, 나뭇잎, 뿌리, 채소 등을 통틀어 일컫는 말입니다. 우리가 쉽게 접할 수 있는 나물은 고사리, 숙주 등을 양념에 버무려 만드는 음식입니다. 하지만 나물은 잼으로도 만들 수 있는 훌륭한 식재료입니다.

먹을 수 있는 대부분의 식재료로 잼을 만들 수 였다는 사실이 조금 놀랍지 않으신가요? 시장이나 마트에서 판매하는 나물은 두 종류입니다. 산에서 바로 따온 생나물과 오래 보관해서 먹을 수 있는 말린 나물인데요, 저는 집에서 쉽게 잼을 만들 수 있는 말린 나물로 잼 만드는 방법을 알려드리겠습니다.

이번 장에서는 다양한 나물의 특성을 알아보고, 말린 나물로 잼을 만드는 조리법을 살펴보겠습니다.

고사리잼

※ 2013년 KBS 〈위기탈출 넘버원〉에 소개되었던 미스터잼의 고사리잼입니다.

고사리 제대로 파악하기

고사리는 '산에 있는 소고기'라 불릴 만큼 단백질이 풍부하고, 칼슘과 칼륨 등 생체 유지에 필요한 무기질 성분을 많이 함유하고 있습니다. 체력이 약하거나 면역력이 떨어지는 분들에게 특히 좋습니다. 고사리가 여성에게 좋고, 남성에게 좋지 않다는 이야기를 한 번쯤 들어보셨을 겁니다. 남성에게 좋지 않다는 이야기는 잘못된 것이지만, 여성에게 좋다는 것은 사실입니다. 변비, 빈혈, 다이어트와 피부미용 등을 고민하고 있는 여성들에게 고사리는 굉장히 유익한 채소입니다. 고사리는 식이섬유가 풍부해서 장운동을 활발하게 해줍니다. 생리를 겪을 때마다 생리통과 함께 빈혈을 자주 느끼시는 여성분이라면 고사리를 자주 섭취하면 좋습니다. 고사리는 철분이 풍부해서 빈혈을 막아줍니다. 고사리에는 비타민A, 비타민C, 비타민E 등 비타민이 풍부한데, 비타민을 풍부하게 섭취하면 피부에 영양 공급이 원활하게 이루어져 세포가 노화되는 것은 물론 피부를 맑고, 깨끗하게 유지해줍니다. 여러 영양분을 함유하고 있으면서도 고사리는 칼로리가 100g당 39kcal밖에 되지 않아 다이어트에 아주 이상적인 식재료입니다.

하지만 고사리는 한의학적으로 볼 때 차가운 성질의 음식이라 몸이 차가운 사람에게는 맞지 않습니다. 또한 타킬로사이드라는 유해성분이 있어 조리할 때 반드시 제거해야 합니다. 독성 제거는 어렵지 않습니다. 재료 손질을 이야기할 때 자세하게 설명해드릴게요.

원산지

유럽, 아시아, 북아메리카,

남아메리카, 호주, 뉴질랜드

제철

4월

효능

▶ 면역력 향상

▶ 체력증진

▶ 빈혈예방

▶ 다이어트 효과

▶ 변비예방

▶ 피부미용

영양소 함량 정보(100g당)

열량	단백질	지방	탄수화물	식이섬유	칼슘	칼륨	비타민A
39kcal	25.8g	0.6g	54.2g	9.5g	188mg	2879mg	32RE

making
Bracken jam

재료

말린 고사리	10g
프락토올리고당	160g
사과식초	2g
펙틴	0.7g

(잼의 양: 130g, 당도: 70brix)

병 세척 및 건조

① 유리병을 깨끗이 씻고, 둥근 옆면이 바닥을 향하게 냄비에 넣은 다음 약 1~2cm 정도 물을 넣고 뚜껑을 닫습니다. **TIP** 유리병을 잘못 배치하면 병이 깨질 수도 있으니 주의하세요!(28쪽 참고)

② 약 2~3분간 끓여줍니다.

③ 냄비의 뚜껑을 열고 병을 꺼내 병 안쪽의 수분을 털어낸 다음 병목을 위로 향하게 하고 잘 말려줍니다.

재료손질

① 고사리를 뜨거운 물에 약 5분간 담가놓습니다.

② 고사리를 물을 바꿔가며 2~3회 깨끗이 씻은 다음 마지막으로 흐르는 물에 씻어주세요.(독성 성분인 타킬로사이드는 물에 잘 녹아 깨끗이 씻으면 제거됩니다.)

④ 고사리를 다시 냄비에 넣고 약 30분간 삶습니다.

❶ 고사리에서 물기를 뺀 다음 잘게 썰어 올리고당과 함께 믹서에 넣고 분쇄합니다.

TIP 고사리를 잘게 썰고 믹서를 돌려야 고사리가 믹서 날 안쪽으로 말려들어 분쇄가 안 되는 현상을 막을 수 있습니다. 올리고당과 함께 넣고 분쇄하면 곱게 잘 갈립니다.

❷ 분쇄한 고사리와 올리고당을 냄비에 넣고 센 불로 가열합니다. 가열하는 동안 내용물이 한곳에 머물러 타지 않도록 천천히 저어줍니다.(약 1~2분이면 끓습니다.) 주걱을 사용하여 일정한 속도로 젓습니다.

TIP 냄비를 가열할 때 냄비의 가장 뜨거운 부분은 바닥이 아닌 옆면!!

❸ 내용물이 끓으면 펙틴을 첨가하고 잘 저어줍니다. 펙틴은 조금씩 흩뿌려가며 넣어주세요. 주걱으로 잘 섞어야 펙틴이 덩어리지지 않습니다. 펙틴이 잘 섞인 것을 확인한 다음 사과식초를 첨가하고 가열합니다. 거품이 커지고 두꺼워지거나 당도계 기준 70brix에 도달하면 가열을 멈춥니다.

TIP 사과식초는 비린 맛을 잡아주는 한편, 색다른 풍미를 느끼게 해줍니다.

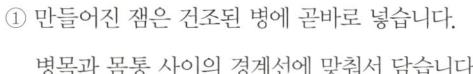

병에 넣어 보관하기

① 만들어진 잼은 건조된 병에 곧바로 넣습니다.

　　병목과 몸통 사이의 경계선에 맞춰서 담습니다.

② 잼을 병에 넣는 도중 병목이나 병 바깥쪽에 묻은 잼은 행주로 깨끗이 닦아냅니다.

③ 잼을 다 넣은 다음 재빨리 뚜껑을 닫습니다. **TIP** 잼의 온도가 떨어지기 전에 뚜껑을 닫아야 진

　　공 상태가 유지됩니다. 뚜껑을 바로 닫으면 안쪽에 이슬처럼 수분이 고이는데, 1~3일 안에 수분은 잼에

　　흡수되기 때문에 미생물이 번식할 염려는 하지 않아도 됩니다.

살균하기

살균은 30쪽을 참고하세요.

냉각 및 진공 확인

① 잼 병은 실온에서 식혔다가 30도까지 온도가 떨어지면 차가운 물에 담습니다.

② 병뚜껑에 진공 상태가 잡힌 것을 확인(뿅뿅 소리가 납니다)한 다음 병을 꺼냅니다.

품질유지기한 및 보관방법

본 레시피의 고사리잼은(70brix 이상의 당도를 기준으로) 6개월 이상 보존이 가능합니다. 하지
만 뚜껑이 개봉되는 시점부터 공기를 통해 미생물이 유입되어 변질될 수 있으므로 개봉 후
에는 반드시 냉장고에서 보관해야 합니다.

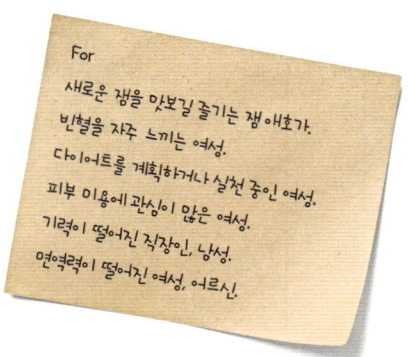

For

새로운 잼을 맛보길 즐기는 잼애호가.

빈혈을 자주 느끼는 여성.

다이어트를 계획하거나 실천 중인 여성.

피부 미용에 관심이 많은 여성.

기력이 떨어진 직장인, 남성.

면역력이 떨어진 여성, 어르신.

enjoying
Bracken jam

1. 빵과 크래커에 바르면 고사리 고유의 맛과 향을 음미할 수 있습니다!

2. 견과류(아몬드, 땅콩, 호두)를 먹을 때 소스로도 잘 어울립니다.

3. 돼지고기를 드실 때 소스로 활용해보세요. 육류 섭취의 부담감을 덜고 건강한 식사를 즐길 수 있습니다!(고사리에는 티아미나아제라는 효소가 함유되어 있는데, 이 효소는 비타민B1을 분해합니다. 때문에 B1이 풍부한 돼지고기나 견과류를 함께 섭취하면 좋습니다.)

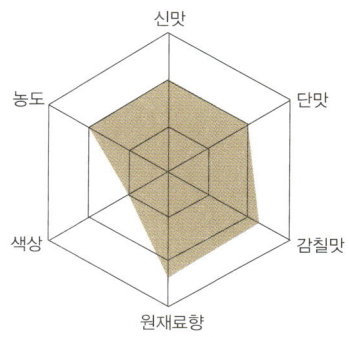

taste of
Bracken jam

신맛 산의 첨가량이 높고, 사과식초를 사용하기 때문에 신맛이 강합니다.

단맛 가열시간이 짧지만 일반 잼에 비해 당의 함량이 높아 강한 단맛을 냅니다.

감칠맛 새콤한 맛이 바탕이 되어 감칠맛이 강합니다.

원재료향 사과식초를 사용하여 원재료의 비린 닷은 잡아주지만, 자체 향이 강해 고사리의 향을 느낄 수 있습니다.

색상 고사리 자체의 색상에서 조금 더 진한 색을 띱니다.

농도 일반 잼에 비해 젤리화되는 정도가 낮지만, 수분이 층분히 증발하여 적정한 농도를 유지합니다.

신맛

단맛

농도

감칠맛

색상

원재료향

취나물잼

취나물은 우리나라의 봄철 대표적인 나물입니다. 고사리와 더불어 풍부한 영양소를 함유하고 있지만, 비릿하지 않고, 입맛을 돋우는 독특한 향을 지니고 있어 미식가들에게도 사랑받는 나물이지요.

취나물에는 여느 채소에서 쉽게 찾아볼 수 없는 영양분인 사포닌이 풍부하게 들어 있습니다. 사포닌은 인삼과 홍삼에 풍부하게 함유된 영양소로 암을 예방하는 데 탁월한 효능을 자랑합니다. 사포닌은 유해한 성분이 인체에 유입되는 것을 막아주고, 독소를 흡착해서 몸 밖으로 배출하게 해줍니다. 그런 점에서 면역력과 체력이 떨어진 분들에게 유익한 나물입니다. 취나물은 또한 칼슘이 풍부해서 뼈의 건강에 도움을 주고, 성인병의 근원인 콜레스테롤 수치를 조절해주는 기능도 합니다. 또한 해독작용을 도와 간이 손상된 것을 치유해주기도 합니다. 알코올의 분해 능력도 뛰어나 숙취 해소에 도움을 주기도 합니다. 식이섬유도 풍부해서 변비를 개선하거나 예방하기도 합니다.

취나물도 고사리와 비슷하게 주의해야 할 성분이 있습니다. 취나물에는 수석이라는 성분이 풍부한데, 이 성분은 몸속의 칼슘과 결합하면 결석을 유발할 수도 있습니다. 하지만 살짝 데치기만 하면 분해할 수 있다고 하니 너무 걱정 하지 않아도 됩니다.

분포지역

한국, 중국, 일본 등

제철

3~5월

효능

▶ 면역력 향상

▶ 체력증진

▶ 뼈 건강에 도움

▶ 콜레스테롤 배출

▶ 숙취해소

▶ 변비예방

영양소 함량 정보(100g당, 말린 취나물)

열량	단백질	지방	탄수화물	칼슘	비타민A	비타민C	글루탐산
265kcal	22.2g	2.3g	53g	231mg	33RE	2mg	6mg

CHWINAMUL

making
Chwinamul jam

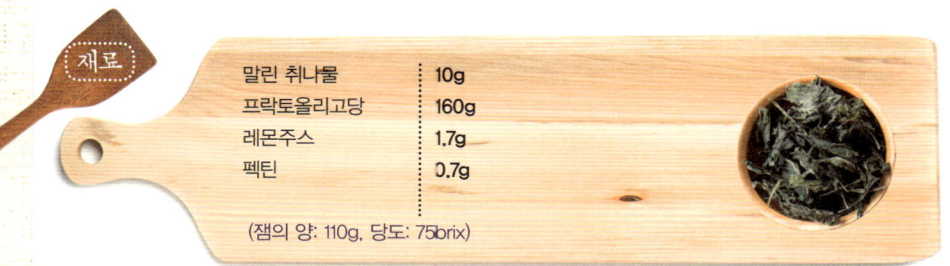

말린 취나물	10g
프락토올리고당	160g
레몬주스	1.7g
펙틴	0.7g

(잼의 양: 110g, 당도: 75brix)

병 세척 및 건조

① 유리병을 깨끗이 씻고, 둥근 옆면이 바닥을 향하게 냄비에 넣은 다음 약 1~2cm 정도 물을 넣고 뚜껑을 닫습니다. **TIP** 유리병을 잘못 배치하면 병이 깨질 수도 있으니 주의하세요!(28쪽 참고)

② 약 2~3분간 끓여줍니다.

③ 냄비의 뚜껑을 열고 병을 꺼내 병 안쪽의 수분을 털어낸 다음 병목을 위로 향하게 하고 잘 말려줍니다.

재료손질

① 취나물을 찬물에 약 5분간 담가 놓습니다.

② 물에 소금을 약간 넣고 끓인 다음, 취나물을 살짝 데쳐냅니다. **TIP** 취나물이 함유하고 있는 수석이라는 성분은 몸속에서 칼슘과 결합하여 결석을 유발합니다. 반드시 데쳐내어 수석을 제거해줘야 합니다.

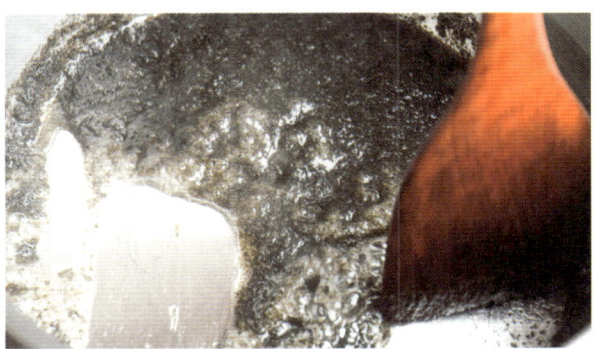

❶ 흐르는 물에 취나물을 씻고 물기를 털어냅니다. 그런 다음 잘게 썰어 프락토올리고당과 함께 믹서에 넣고 분쇄합니다.

TIP 취나물을 잘게 썰어 믹서에 돌리면 취나물이 안쪽으로 말려들어 분쇄가 잘 되지 않는 현상을 막을 수 있습니다. 올리고당을 넣고 분쇄하면 곱게 갈립니다.

❷ 분쇄한 취나물과 올리고당을 냄비에 넣고 센 불로 가열합니다. 가열하는 동안 내용물이 한곳에 머물러 타지 않도록 천천히 저어줍니다. 내용물이 끓기 시작하면 펙틴을 첨가하고 잘 섞이도록 저어준 다음 레몬주스를 넣고 계속 가열합니다.

TIP 펙틴이 잘 섞인 것을 확인한 다음 레몬주스를 첨가하고 계속 가열합니다. 취나물은 고사리와 달리 비린 맛이 없어 사과식초가 아닌 레몬주스를 산으로 사용합니다. 레몬주스를 펙틴보다 먼저 넣으면 펙틴의 응고조건이 충족되어 펙틴을 넣자마자 내용물이 응고될 수 있습니다. 때문에 레몬주스는 반드시 마지막에 넣어야 합니다.

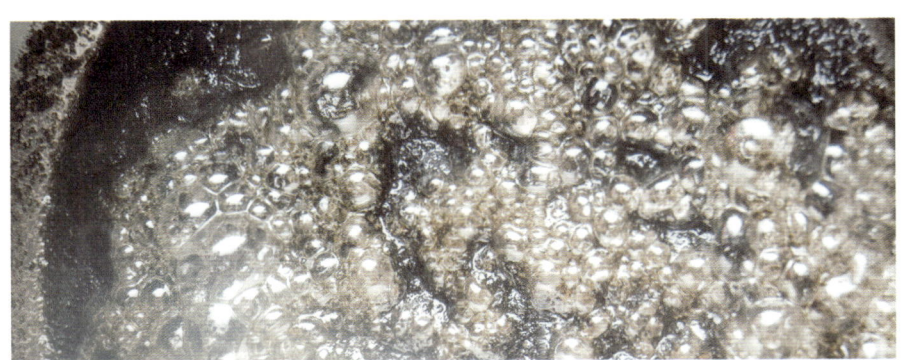

❸ 거품이 커지고 두꺼워지거나 당도계 기준 75brix에 도달하면 가열을 멈춥니다.

여기까지만
채워주세요!

병에 넣어 보관하기

① 만들어진 잼은 건조된 병에 곧바로 넣습니다.

　병목과 몸통 사이의 경계선에 맞춰서 담습니다.

② 잼을 병에 넣는 도중 병목이나 병 바깥쪽에 묻은 잼은 행주로 깨끗이 닦아냅니다.

③ 잼을 다 넣은 다음 재빨리 뚜껑을 닫습니다. **TIP** 잼의 온도가 떨어지기 전에 뚜껑을 닫아야 진

　공 상태가 유지됩니다. 뚜껑을 바로 닫으면 안쪽에 이슬처럼 수분이 고이는데, 1~3일 안에 수분은 잼에

　흡수되기 때문에 미생물이 번식할 염려는 하지 않아도 됩니다.

살균하기

살균은 30쪽을 참고하세요.

냉각 및 진공 확인

① 잼 병은 실온에서 식혔다가 30도까지 온도가 떨어지면 차가운 물에 담습니다.

② 병뚜껑에 진공 상태가 잡힌 것을 확인(뽕뽕 소리가 납니다)한 다음 병을 꺼냅니다.

품질유지기한 및 보관방법

본 레시피의 취나물잼은(75brix 이상의 당도를 기준으로) 6개월 이상 보존이 가능합니다. 하지
만 뚜껑이 개봉되는 시점부터 공기를 통해 미생물이 유입되어 변질될 수 있으므로 개봉 후
에는 반드시 냉장고에서 보관해야 합니다.

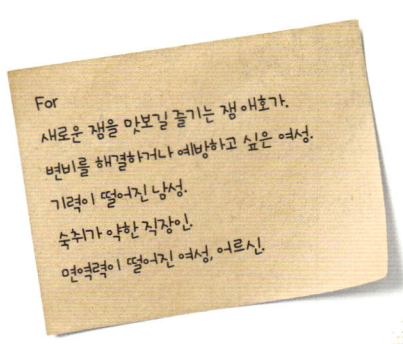

For
새로운 잼을 맛보길 즐기는 잼 애호가.
변비를 해결하거나 예방하고 싶은 여성.
기력이 떨어진 남성.
숙취가 약한 직장인.
면역력이 떨어진 여성, 어르신.

enjoying
Chwinamul jam

1. 빵과 크래커에 바르면 취나물 고유의 맛과 향을 음미할 수 있습니다!

taste of
Chwinamul jam

신맛 살짝 새콤한 맛이 느껴지지만, 뒷맛은 신맛보다 취나물이 지닌 자체 향이 더 강하게 느껴
집니다.

단맛 가열시간은 짧지만 일반 잼에 비해 당의 함량이 높아 단맛이 강하게 느껴집니다.

감칠맛 부드럽고 새콤해서 감칠맛을 느낄 수 있습니다.

원재료향 취나물과 레몬주스의 맛이 조화롭게 어울려 취나물 자체의 향을 충분히 느낄 수 있
습니다.

색상 취나물이 지닌 자체 색상에서 조금 더 진한 색을 띱니다.

농도 수분이 충분히 증발하여 적정한 농도를 유지합니다.

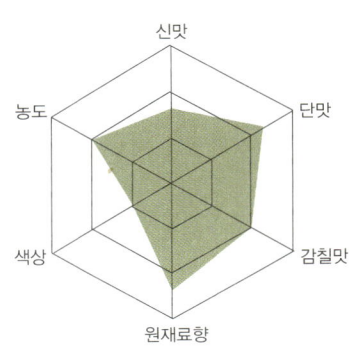

homemade jam

분말잼
만들기

지금까지 과일, 채소, 말린 나물을 이용해서 잼 만드는 방법을 살펴봤습니다. 지금부터는 좀 더 생소한 재료로 잼을 만드는 방법에 대해 살펴보겠습니다.

분말, 즉 가루 형태의 식재료도 잼으로 만들 수 있습니다. 다양한 곡물의 분말이나 과일의 동결건조 분말로 잼을 만드는 방법입니다. 분말은 원재료가 되는 과일, 곡물 등이 건조된 상태에서 분쇄되었습니다. 바꿔 말해 원재료가 지니고 있었을 수분을 보충해준 다음 잼을 만든다고 생각하면 기존의 잼 만드는 방법과 크게 다르지 않습니다.

제가 여러분에게 알려드릴 분말잼은 소금잼과 메밀잼입니다. 가열하는 시간도 짧아 누구나 손쉽게 만들 수 있답니다.

소금잼

소금 제대로 파악하기

요즘 시대에 소금만큼 배척당하는 영양소가 있을까요? 현대인들의 과도한 나트륨 섭취로 인해 집에서 직접 요리를 하고 먹는 식탁에서도 소금은 환영받지 못합니다. 하지만 문제는 나트륨이 과다하게 들어간 음식과 식료품이지 소금 자체는 아닙니다.

사람은 설탕 없이는 살 수 있어도 소금이 없이는 생존할 수 없다고 합니다. 그만큼 소금은 우리 몸에 없어서는 안 될 영양소를 함유하고 있고, 기능을 한다는 뜻이죠. 그럼 본격적으로 소금의 효능을 살펴볼까요? 소금은 살균 효과가 있고, 소화 작용을 돕습니다. 신진대사를 촉진하여 세포 속에 숨어 있는 노폐물을 몸 밖으로 배출해줍니다. 또한 피를 맑게 해주고, 체질을 개선하여 인체의 균형을 유지해줍니다. 소금이 함유하고 있는 나트륨이 부족하면 근육에 경련이 일고, 피로를 쉽게 느끼고, 인지력이 떨어집니다. 혈압이 떨어져 쇼크 반응까지 일으킬 수도 있습니다. 최근에는 저염식을 실천하는 분들이 늘어나는 추세인데, 소금으로 적절하게 나트륨을 공급해줘야 하는 사실을 잊지 말아야 합니다.

소금은 크게 천일염과 정제염으로 나뉩니다. 제가 잼으로 만들 소금은 천일염입니다. 천일염은 햇빛, 바닷물, 갯벌이라는 자연조건을 기반으로 만들어지며 아연, 나트륨, 칼슘 등의 무기질이 풍부합니다. 각종 미네랄도 많이 함유하고 있습니다. 이만하면 잼의 재료로 활용하기에 자격이 충분하죠?

효능

▸ 살균효과, 소화촉진

▸ 노폐물 배출

▸ 정혈작용

▸ 인체의 균형 유지

영양소 함량 정보(100g당, 천일염)

열량	단백질	지방	탄수화물	칼슘	나트륨	칼륨
20kcal	0g	0g	5.1g	123mg	33565mg	343mg

SALT

making
Salt jam

재료

천일염	5g	
프락토올리고당	150g	
사과식초	10g	
펙틴	3g	

(잼의 양: 130g, 당도: 72brix)

소금잼을 만들려면 가열시간을 주의해야 합니다. 한 번 끓이고 나서 다시 가열해서는 안 됩니다. 재가열을 하게 되면 소금잼이 냉각된 상태에서 엿처럼 딱딱하게 굳어 버릴 수 있습니다.

병 세척 및 건조

① 유리병을 깨끗이 씻고, 둥근 옆면이 바닥을 향하게 냄비에 넣은 다음 약 1~2cm 정도 물을 넣고 뚜껑을 닫습니다. **TIP** 유리병을 잘못 배치하면 병이 깨질 수도 있으니 주의하세요!(28쪽 참고)

② 약 2~3분간 끓여줍니다.

③ 냄비의 뚜껑을 열고 병을 꺼내 병 안쪽의 수분을 털어낸 다음 병목을 위로 향하게 하고 잘 말려줍니다.

재료손질

① 천일염과 펙틴을 함께 혼합하여 잘 섞어줍니다.

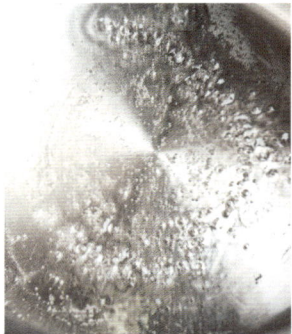

❶ 냄비에 프락토올리고당을 넣고 가열
하고 끓으면 불을 끕니다.

❷ 천일염과 펙틴을 잘 섞은 다음 냄비
에 넣어줍니다.

❸ 펙틴이 내용물과 완전히 섞이는 것
을 확인하고, 사과식초를 넣습니다.

TIP 소금은 자체적으로 비릿한 향을 지니
고 있습니다. 레몬주스보다 사과식초
가 비릿한 향을 잡는 데 더 적합합니다.

❹ 주걱으로 젓습니다. 소금이 굵히는
느낌이 완전히 없어질 때까지 잘 저
어줍니다. 소금이 완전히 녹으면 바
로 병에 담습니다.

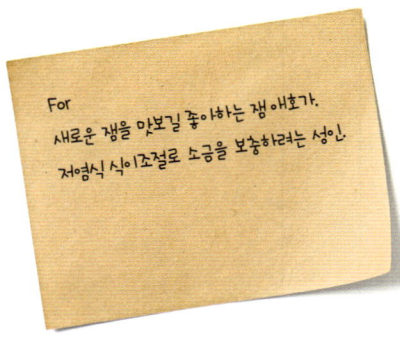

여기까지만
채워주세요!

병에 넣어 보관하기

① 만들어진 잼은 건조된 병에 곧바로 넣습니다.

　병목과 몸통 사이의 경계선에 맞춰서 담습니다.

② 잼을 병에 넣는 도중 병목이나 병 바깥쪽에 묻은 잼은 행주로 깨끗이 닦아냅니다.

③ 잼을 다 넣은 다음 재빨리 뚜껑을 닫습니다. **TIP** 잼의 온도가 떨어지기 전에 뚜껑을 닫아야 진

　공 상태가 유지됩니다. 뚜껑을 바로 닫으면 안쪽에 이슬처럼 수분이 고이는데, 1~3일 안에 수분은 잼에

　흡수되기 때문에 미생물이 번식할 염려는 하지 않아도 됩니다.

살균하기

살균은 30쪽을 참고하세요.

(잼의 온도가 떨어진 상태에서 병에 넣기 때문에 진공은 잡히지 않습니다. 다만 판매할 목적으로 진공

을 잡고 살균하실 분은 소금잼을 중탕가열로 약 80~90도까지 가열한 다음 병에 넣어주세요.)

냉각 및 진공 확인

① 잼 병은 실온에서 식혔다가 30도까지 온도가 떨어지면 차가운 물에 담습니다.

② 병뚜껑에 진공 상태가 잡힌 것을 확인(뽕뽕 소리가 납니다)한 다음 병을 꺼냅니다.

품질유지기한 및 보관방법

본 레시피의 소금잼은 당도가 높고 변질될 수 있는 영양성분이 많지 않아 여느 잼에 비해

장기간 보존이 가능합니다.

For
새로운 잼을 맛보길 좋아하는 잼 애호가,
저염식 식이조절로 소금을 보충하려는 성인.

148

enjoying
Salt jam

1. 빵과 크래커에 바르면 소금잼 고유의 맛과 향을 음미할 수 있습니다!

2. 아몬드나 견과류와도 맛이 어울립니다.

3. 견과류를 곁들인 메밀전병의 소스로도 풍미가 살아납니다.

taste of
Salt jam

신맛 사과식초의 새콤한 신맛을 살짝 느낄 수 있습니다.

단맛 프락토올리고당의 투입비율이 높아 당도가 높지만, 소금과 사과식초 향 덕에 비교적 많이 달지 않습니다.

감칠맛 사과식초와 짠맛이 어울리며 살짝 감칠맛이 느껴집니다.

원재료향 소금은 향이 없지만, 사과식초를 사용하여 새콤한 향이 돕니다.

색상 반투명한 흰색으로 부드러운 느낌을 줍니다.

농도 시중에 판매되는 잼보다 약간 묽습니다. 하지만 가열시간을 최소화하지 않으면 엿처럼 딱딱하게 굳을 수 있습니다.

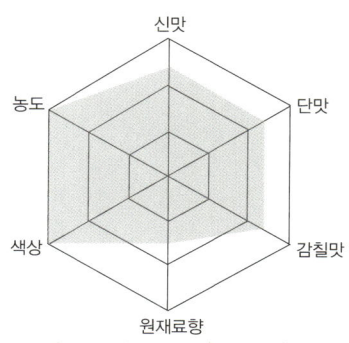

메밀잼

메밀 제대로 파악하기

메밀은 국수, 냉면, 묵, 만두, 전을 떠올릴 만큼 다양한 요리에 쓰이는 친숙한 식재료입니다. 요리방법이 다양한 만큼 효능 또한 굉장히 많습니다. 메밀은 비타민이 풍부하고, 불포화지방산을 함유하고 있습니다. 특히 메밀에 들어 있는 루틴이라는 성분은 혈관벽의 저항력을 향상시켜 고혈압과 동맥경화에 좋습니다. 루틴은 체내 복부에 쌓여 있는 지방을 태워주기도 합니다. 또한 메밀에는 필수 아미노산이 풍부해서 비만을 예방합니다.

메밀에 들어 있는 단백질은 식물성 식품 중 단연 최고로 평가받습니다. 메밀은 단백질뿐 아니라 마그네슘과 식이섬유가 풍부해 소화를 돕고, 장운동을 촉진해서 변비를 예방합니다.

술자리가 잦은 남성분들에게도 메밀은 유익한 식재료입니다. 메밀이 함유한 플라보노이드라는 성분은 간에 쌓여 있는 노폐물을 배출시키는 효과가 탁월해서 음주가 잦은 사람은 물론 흡연하는 사람들에게도 큰 도움을 줍니다.

메밀은 여러 모로 쓰임새가 많은 재료이지만, 한의학적으로 보면 찬 성질의 식재료여서 몸이 찬 사람은 과다하게 섭취하면 설사를 하거나 소화불량을 겪을 수도 있습니다.

그동안 익숙한 요리로 맛본 메밀은 잼이라는 음식으로도 색다른 식감을 즐길 수 있습니다. 그럼 지금부터 메밀잼에 대해 천천히 살펴볼까요?

바이칼호, 만주 등

10~12월

▶ 고혈압, 동맥경화 방지

▶ 비만예방, 다이어트 효과

▶ 변비예방

▶ 노폐물 배출

영양소 함량 정보(100g당, 메밀가루)

열량	단백질	지방	탄수화물	칼슘	칼륨	비타민A
364kcal	13.4g	2.8g	69.6g	9mg	485mg	31RE

BUCKWHEAT

making
Buckwheat jam

재료

메밀가루	10g
프락토올리고당	150g
사과식초	15g
펙틴	1g

(잼의 양: 120g, 당도: 68brix)

병 세척 및 건조

① 유리병을 깨끗이 씻고, 둥근 옆면이 바닥을 향하게 냄비에 넣은 다음 약 1~2cm 정도 물을 넣고 뚜껑을 닫습니다. **TIP** 유리병을 잘못 배치하면 병이 깨질 수도 있으니 주의하세요!(28쪽 참고)

② 약 2~3분간 끓여줍니다.

③ 냄비의 뚜껑을 열고 병을 꺼내 병 안쪽의 수분을 털어낸 다음 병목을 위로 향하게 하고 잘 말려줍니다.

재료손질

① 메밀가루와 펙틴을 잘 섞습니다.

❶ 냄비에 프락토올리고당을 넣고 가열
하고 끓으면 불을 끕니다.

❷ 잘 섞은 메밀가루와 펙틴을 냄비에
넣어줍니다.

❸ 내용물이 잘 섞인 것을 확인한 다음
사과식초를 넣어줍니다.

> **TIP** 메밀가루의 까끌까끌하고 텁텁한 식감
> 을 잡아주기 위해서는 레몬주스보다
> 사과식초가 더 효과적입니다.

❹ 잼의 적절한 농도를 보일 때까지 약
3~5분간 약한 불로 계속 가열합니
다.

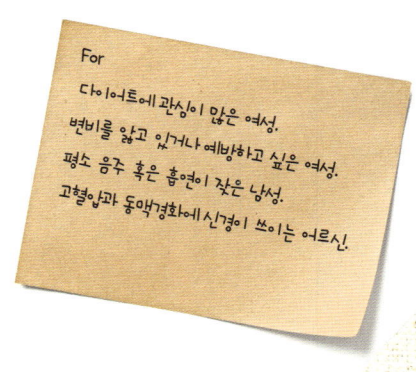

여기까지만
채워주세요!

병에 넣어 보관하기

① 만들어진 잼은 건조된 병에 곧바로 넣습니다.

　병목과 몸통 사이의 경계선에 맞춰서 담습니다.

② 잼을 병에 넣는 도중 병목이나 병 바깥쪽에 묻은 잼은 행주로 깨끗이 닦아냅니다.

③ 잼을 다 넣은 다음 재빨리 뚜껑을 닫습니다. **TIP** 잼의 온도가 떨어지기 전에 뚜껑을 닫아야 진

　공 상태가 유지됩니다. 뚜껑을 바로 닫으면 안쪽에 이슬처럼 수분이 고이는데, 1~3일 안에 수분은 잼에

　흡수되기 때문에 미생물이 번식할 염려는 하지 않아도 됩니다.

살균하기

살균은 30쪽을 참고하세요.

냉각 및 진공 확인

① 잼 병은 실온에서 식혔다가 30도까지 온도가 떨어지면 차가운 물에 담습니다.

② 병뚜껑에 진공 상태가 잡힌 것을 확인(뽕뽕 소리가 납니다)한 다음 병을 꺼냅니다.

품질유지기한 및 보관방법

본 레시피의 메밀잼은 메밀의 특성으로 단백질 성분이 많아 다른 잼에 비해 4~6개월로 품
질 유지기한이 짧을 수 있습니다.

For
다이어트에 관심이 많은 여성.
변비를 앓고 있거나 예방하고 싶은 여성.
평소 음주 혹은 흡연이 잦은 남성.
고혈압과 동맥경화에 신경이 쓰이는 어르신.

enjoying
Buckwheat jam

1. 빵과 크래커에 바르면 메밀 고유의 맛과 향을 음미할 수 있습니다!

2. 아몬드나 견과류에 곁들이면 풍미가 살아납니다.

taste of
Buckwheat jam

신맛 사과식초를 넣어 새콤함을 느낄 수 있습니다.

단맛 프락토올리고당의 비율이 높아 당도가 높지만, 메밀과 사과식초 향이 첨가되어 단맛이 많이 느껴지지 않습니다.

감칠맛 사과식초의 새콤한 맛 덕에 감칠맛이 돕니다.

원재료향 메밀 자체의 향이 강하지 않는 데다가 사과식초 향이 첨가되어 잘 느껴지지 않습니다.

색상 연한 회색빛을 띱니다.

농도 시중에 판매되는 잼보다 묽습니다. 레시피에 표기된 가열시간을 넘기게 되면 엿처럼 딱딱하게 굳을 수 있습니다.

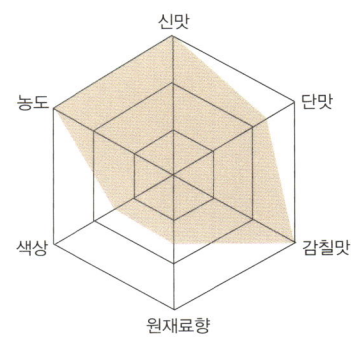

homemade jam

곡물잼
만들기

곡물은 주성분이 탄수화물입니다. 때문에 잼 만드는 방법은 여느 잼과 동일하지만, 잼의 안정성을 위해 당을 많이 첨가해줘야 합니다.

제가 소개해드릴 곡물잼은 쌀잼(밥잼)과 검은콩잼(흑태잼)입니다. 쌀은 우리가 가장 쉽게 구할 수 있는 재료이고, 검은콩은 건강식으로 많이 활용되고 있는 곡물입니다.

미스터잼의 건강한 수제잼 만들기! 이제 곡물잼 만들기에 빠져볼까요?

쌀잼(밥잼)

쌀 제대로 파악하기

누구나 매일 익숙하게 만나는 사람(혹은 사물)이 있습니다. 매일 마주하는 그 사람(혹은 사물)을 잘 알고 있다는 생각을 하게 되는데, 막상 그에 대해 물으면 아무 대답을 못 하게 됩니다. 아마 우리에게 쌀이 그런 식재료가 아닐까 생각이 듭니다. 쌀에 어떤 효능이 있느냐고 물으면 자신 있게 대답할 수 있는 사람은 드물지 않을까요?

근래 식단이 서구화되면서 쌀은 찬밥 신세가 되었는데, 사실 쌀만큼 주식으로 삼기에 이상적인 곡식도 없습니다. 쌀은 탄수화물과 단백질, 철분과 칼륨 등 무기질이 고루 함유된 '완전 식품'이라고 할 수 있습니다. 체력 증진과 기력 회복 그리고 두뇌활동을 원활하게 하는 데 도움을 줍니다. 쌀에는 다양한 비타민이 들어 있는데, 비타민E는 노화를 방지해주고, 비타민B는 몸속의 독소를 배출해줍니다. 식이섬유가 많아 변비에도 효과적입니다. 『동의보감』에서는 밥은 위나 장을 편안하게 하고, 뱃속을 따뜻하게 해서 설사를 그치게 하고 기운을 돋워준다고 했습니다.

탄수화물의 비중이 높다며 쌀을 멀리 하는 분들이 많은데, 되레 성인병을 유발하는 것은 단백질과 지방질이 높은 서구식 식단입니다. 우리 식단에서 비중이 줄어드는 쌀의 별미를 찾아보자는 의미로 잼을 만들어보았습니다. 지금부터 만드는 법을 살펴볼까요?

원산지

동남아시아

수확 시기는 9~10월

효능

▸ 기력회복　▸ 체력증진

▸ 원활한 두뇌활동　▸ 노화방지

▸ 독소배출　▸ 변비예방

영양소 함량 정보(100g당)

열량	단백질	지방	탄수화물	회분	칼슘	칼륨	비타민A
363kcal	6.4g	0.4g	79.5g	0.4g	7mg	170mg	1RE

RICE

making
Rice jam

재료

쌀밥	100g
프락토올리고당	200g
물	50g
레몬주스	5g
펙틴	1.5g

(잼의 양: 210g, 당도: 70brix)

병 세척 및 건조

① 유리병을 깨끗이 씻고, 둥근 옆면이 바닥을 향하게 냄비에 넣은 다음 약 1~2cm 정도 물을 넣고 뚜껑을 닫습니다. **TIP** 유리병을 잘못 배치하면 병이 깨질 수도 있으니 주의하세요!(28쪽 참고)

② 약 2~3분간 끓여줍니다.

③ 냄비의 뚜껑을 열고 병을 꺼내 병 안쪽의 수분을 털어낸 다음 병목을 위로 향하게 하고 잘 말려줍니다.

재료손질

① 쌀로 밥을 짓습니다.

❶ 밥, 프락토올리고당, 펙틴, 레몬주스를 넣고 완전히 분쇄합니다.

TIP 쌀잼은 가열시간이 짧고, 수분의 양이 많지 않아 펙틴이 충분히 섞이기 어렵습니다. 때문에 펙틴과 레몬주스를 한꺼번에 넣습니다.

❷ 완전히 분쇄한 내용물(밥, 프락토올리고당, 펙틴, 레몬주스)을 냄비에 넣고 가열합니다. 가열하는 동안 내용물이 한곳에 머물러 타지 않도록 천천히 저어줍니다.

TIP 잘 젓지 않으면 프락토올리그당이 타면서 엿맛이 발생하여 잼 맛에 우러나올 수 있습니다.

❸ 내용물이 끓기 시작하면 물을 넣고 계속 가열하면서 저어줍니다.

❹ 거품이 커지고 두꺼워지거나 당도계 기준 70brix에 도달하면 가열을 멈춥니다.

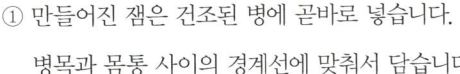

여기까지만 채워주세요!

병에 넣어 보관하기

① 만들어진 잼은 건조된 병에 곧바로 넣습니다.

　병목과 몸통 사이의 경계선에 맞춰서 담습니다.

② 잼을 병에 넣는 도중 병목이나 병 바깥쪽에 묻은 잼은 행주로 깨끗이 닦아냅니다.

③ 잼을 다 넣은 다음 재빨리 뚜껑을 닫습니다. **TIP** 잼의 온도가 떨어지기 전에 뚜껑을 닫아야 진

　공 상태가 유지됩니다. 뚜껑을 바로 닫으면 안쪽에 이슬처럼 수분이 고이는데, 1~3일 안에 수분은 잼에

　흡수되기 때문에 미생물이 번식할 염려는 하지 않아도 됩니다.

살균하기

살균은 30쪽을 참고하세요.

냉각 및 진공확인

① 잼 병은 실온에서 냉각하고, 약 30도까지 온도가 떨어지면 차가운 물에 다시 담습니다.

② 병뚜껑에 진공 상태가 잡힌 것을 확인한 다음 병을 꺼냅니다.

품질유지기한 및 보관방법

본 레시피의 쌀잼(밥잼)은(70brix 이상의 당도를 기준으로) 4~6개월 이상 보존이 가능합니다.

하지만 뚜껑이 개봉되는 시점부터 공기를 통해 미생물이 유입되어 변질될 수 있으므로 개

봉 후에는 반드시 냉장고에서 보관해야 합니다.

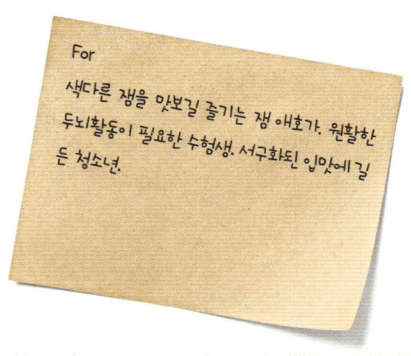

For

색다른 잼을 맛보길 즐기는 잼 애호가. 원활한
두뇌활동이 필요한 수험생. 서구화된 입맛에 길
든 청소년.

enjoying
Rice jam

1. 빵과 크래커에 바르면 쌀잼 고유의 맛과 향을 음미할 수 있습니다!

taste of
Rice jam

신맛 레몬주스를 첨가했지만, 쌀이 주재료여서 담백함이 느껴지는 신맛을 느낄 수 있습니다.

단맛 잼의 안정감을 주기 위해 당의 함량을 높여 단맛이 상대적으로 강하게 느껴집니다.

감칠맛 신맛이 강하지 않고 담백한 맛이 중심이 되어 감칠맛은 많이 느껴지지 않습니다.

원재료향 밥 자체가 향이 강하지 않고, 다량의 당을 첨가하여 약한 편입니다.

색상 우유빛깔의 흰색을 띠고 있어서 깔끔한 느낌을 줍니다.

농도 시중에 판매되는 잼보다 약간 질게 느껴질 수 있지만, 원재료인 쌀의 단백질 성분에 따른

찰기여서 독특한 느낌을 받을 수 있습니다.

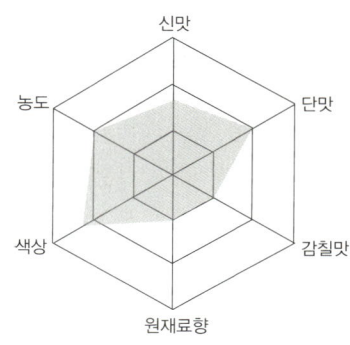

검은콩(흑태) 제대로 파악하기

한때 컬러푸드의 열풍이 불면서 검은콩에 대한 관심이 증폭되던 때가 있었습니다. '블랙푸드' 중에서도 검은콩이 유행했는데요, 그 열풍은 여전히 지속되고 있는 것 같습니다. 하지만 우리 민족은 컬러푸드가 유행하기 이전부터 검은 콩을 '밭에서 나는 쇠고기'라고 부를 정도로 영양분이 뛰어나다는 걸 알고 있었습니다. 검은콩은 검은 빛이 도는 콩을 통칭하는 말인데 서목태(쥐눈이콩), 서리태, 흑태 등이 있습니다.

검은콩은 그 누구보다 탈모에 신경을 쓰는 남성분들에게 최적의 식재료입니다. 검은콩에는 모발 성장에 필수적인 시스테인이 풍부합니다. 단백질도 많이 함유되어 있어 단백질 부족으로 탈모가 진행되는 현상도 막아줍니다.

검은콩은 갱년기를 겪고 있는 여성에게도 굉장히 좋습니다. 검은콩에 있는 이소플라본이라는 성분은 여성호르몬과 유사한 성분인데, 호르몬 결핍으로 인한 안면 홍조, 불안감, 수면장애 등을 예방해줍니다. 뿐만 아니라 안토시아닌이나 카로틴은 노화를 방지해줍니다.

수험생에게도 좋습니다. 검은콩에는 아세티콜린과 레시틴이 들어 있는데, 이 성분들은 기억력과 신경전달에 좋은 영향을 주어 두뇌활동을 원활하게 해줍니다. 이 외에도 검은콩은 독소 배출, 부종 예방, 혈액순환 개선 등 효능이 뛰어나 남녀노소 모두에게 유익한 완전식품이라고 해도 좋은 곡물입니다.

원산지

중국 동북지방

수확시기는 10월

효능

▶ 탈모방지 ▶ 갱년기 장애

▶ 원활한 두뇌활동 ▶ 부종예방

▶ 독소배출 ▶ 혈액순환 개선

영양소 함량 정보(100g당)

열량	단백질	지방	탄수화물	회분	칼슘	칼륨
421kcal	35.2g	18.2g	31.1g	4.5g	220mg	168mg

BLACK
SOYBEAN

making
Black-soybean jam

재료	
검은콩(흑태)	50g
프락토올리고당	200g
우유	100g
레몬주스	3g
펙틴	1g
(잼의 양: 210g, 당도: 72brix)	

병 세척 및 건조

① 유리병을 깨끗이 씻고, 둥근 옆면이 바닥을 향하게 냄비에 넣은 다음 약 1~2cm 정도 물을 넣고 뚜껑을 닫습니다. **TIP** 유리병을 잘못 배치하면 병이 깨질 수도 있으니 주의하세요!(28쪽 참고)

② 약 2~3분간 끓여줍니다.

③ 냄비의 뚜껑을 열고 병을 꺼내 병 안쪽의 수분을 털어낸 다음 병목을 위로 향하게 하고 잘 말려줍니다.

재료손질

① 검은콩을 깨끗이 씻습니다.

❶ 냄비에 검은콩을 넣고, 물이 검은콩
을 덮을 정도로 부어준 다음 가열합
니다. 물이 끓기 시작하면 약불로 조
절하고 약 15분 정도 더 가열하고 건
져냅니다.

❷ 검은콩, 프락토올리고당, 우유를 믹
서에 넣고 완전히 분쇄합니다.

❸ 내용물을 냄비에 넣고 가열합니다.
가열하는 동안 내용물이 한곳에 머
물러 타지 않도록 천천히 저어줍니다.

TIP 잘 젓지 않으면 프락토올리고당이 타
면서 엿맛이 발생하여 잼 맛에 우러나
올 수 있습니다.

❹ 내용물이 끓기 시작하면 펙틴을 넣
고 잘 풀어줍니다. 펙틴이 잘 섞인
것을 확인한 다음 레몬주스를 첨가
합니다.

❺ 일정한 농도가 생성될 때까지 계속
끓여줍니다. 거품이 커지고 두꺼워
지거나 당도계 기준 72brix에 도달
하면 가열을 멈춥니다.

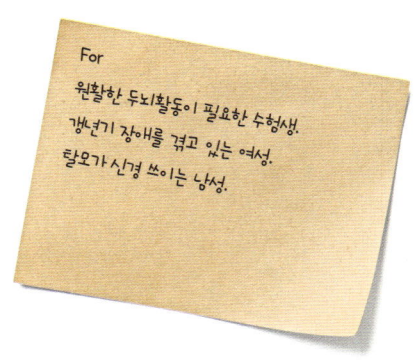

여기까지만
채워주세요!

병에 넣어 보관하기

① 만들어진 잼은 건조된 병에 곧바로 넣습니다.

　　병목과 몸통 사이의 경계선에 맞춰서 담습니다.

② 잼을 병에 넣는 도중 병목이나 병 바깥쪽에 묻은 잼은 행주로 깨끗이 닦아냅니다.

③ 잼을 다 넣은 다음 재빨리 뚜껑을 닫습니다. **TIP** 잼의 온도가 떨어지기 전에 뚜껑을 닫아야 진

　　공 상태가 유지됩니다. 뚜껑을 바로 닫으면 안쪽에 이슬처럼 수분이 고이는데, 1~3일 안에 수분은 잼에

　　흡수되기 때문에 미생물이 번식할 염려는 하지 않아도 됩니다.

살균하기

살균은 30쪽을 참고하세요.

냉각 및 진공 확인

① 잼 병은 실온에서 식혔다가 30도까지 온도가 떨어지면 차가운 물에 담습니다.

② 병뚜껑에 진공 상태가 잡힌 것을 확인(뽕뽕 소리가 납니다)한 다음 병을 꺼냅니다.

품질유지기한 및 보관방법

본 레시피의 검은콩잼은(70brix 이상의 당도를 기준으로) 6개월 이상 보존이 가능합니다. 하지
만 뚜껑이 개봉되는 시점부터 공기를 통해 미생물이 유입되어 변질될 수 있으므로 개봉 후
에는 반드시 냉장고에서 보관해야 합니다.

For

원활한 두뇌활동이 필요한 수험생.
갱년기 장애를 겪고 있는 여성.
탈모가 신경 쓰이는 남성.

enjoying
Black-soybean jam

1. 빵과 크래커에 바르면 검은콩 고유의 맛과 향을 음미할 수 있습니다!
2. 절편과도 궁합이 잘 맞아요!

taste of
Black-soybean jam

신맛 레몬주스를 첨가했지만, 검은콩이 주재료이기 때문에 담백함이 깃든 신맛이 느껴집니다.

단맛 잼의 안정성을 위해 당의 함량을 높여 단맛이 상대적으로 강하게 느껴집니다.

감칠맛 우유와 검은콩의 담백한 맛이 강한 반면 감칠맛은 많이 느껴지지 않습니다.

원재료향 검은콩의 자체 향이 강하지 않고, 당의 함량이 높아 향은 많이 느껴지지 않습니다.

색상 콩 겉면의 검은색과 내용물의 흰색이 섞여 두 가지 색이 혼합되어 보입니다.

농도 시중에 판매되는 잼보다 약간 질게 느껴질 수 있습니다.

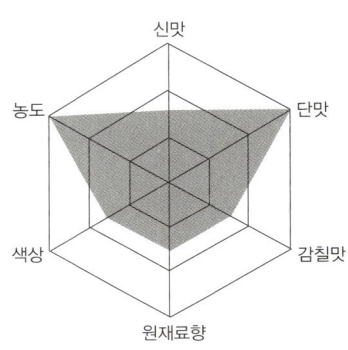

homemade jam

별미잼
만들기

현재 미스터잼이 개발한 잼의 종류는 기본적인 레시피만 150종, 이 레시피를
토대로 잼을 확장하면 대략 400~500종이 됩니다. 제가 이렇게 수많은 잼을 개
발하게 된 것은 수제잼 전문점을 운영하면서 다양한 분들의 이야기에 귀 기울
였기 때문입니다.

대표적인 잼이 토끼당근잼이 아닐까 싶습니다. 전문점을 열고 얼마 안 있어 아
이들이 채소 중에서도 당근을 안 먹는다며 당근잼을 만들어달라는 어머니들의
요청이 빗발쳤습니다. 이 잼을 만들기 위해 시행착오도 수십 번 겪어야 했답니
다. 하지만 만들고 보니 많은 분들의 엄청난 호응에 커다란 보람을 느꼈습니다.
'당근'뿐만 아니라 주위사람들의 이야기를 들으며 제 나름대로 개발한 잼이 있
는데, 이름 하여 '별미잼'입니다.

이번 장에서는 여느 잼 요리서적에서 찾아보기 어려운 재료로 만든 잼을 소개
해드리겠습니다.

막걸리잼

제주에 정착하고 제주막걸리를 사랑하는 이바다 실장님을 만났습니다. 이분은 둘째가라면 서러워할 정도로 페이스북 활동이 왕성하신데, 페이스북에서 둘째가라면 서러워할 정도로 자주 등장하는 소재가 바로 제주막걸리입니다. 직접 만나기 전까지 실장님이 막걸리 회사에 다니는 줄 알았을 정도였답니다.

친분을 쌓고 어느 날 함께 만나 식사를 하다가 막걸리에 대한 이야기가 나왔습니다. 이 실장님은 막걸리에 대해 이런저런 흥미로운 이야기를 하시더니 갑자기 입을 다무시고 저를 쳐다보았습니다. 마치 잊고 있었던 무엇인가가 생각났다는 듯이!

"미스터잼, 그러고 보니 막걸리잼은 왜 없지요?"

제가 수백 가지 식재료로 이런저런 잼을 만들고 있다는 걸 아시는 분이라 불현듯 막걸리잼에 대해 궁금증이 인 모양입니다. 사실 전 그때까지도 막걸리로 잼을 만들려는 생각은 못하고 있었습니다.

막걸리잼을 개발하게 된 동기가 아주 단순하죠? 제가 개발한 잼 대부분은 이렇듯 단순한 동기에서 시작된답니다. 하지만 막걸리잼을 만들기까지는 정말 수많은 난관을 거쳐야 했습니다. 가장 먼저 고민에 빠질 수밖에 없던 것은 색상입니다. 막걸리만 넣고 만들다 보니 흰 빛깔을 띤 잼이 만들어지기는 하는데, 미감을 자극하기는커녕 탁한 느낌이 들었습니다. 잼을 만든 저조차도 먹고 싶지 않을 정도였어요. 빛깔을 바꿔야 한다는 생각에 새싹나물을 이용해서 핑크빛을 감돌게 했습니다. 하지만 나물 향이 잼의 맛을 헤쳤습니다. 그래서 새싹나물 대신 비트를 첨가해보았습니다. 붉은색이 입맛을 돋울 것 같았습니다. 하지만 가열시간이 오래될수록 색깔은 점점 약해지고, 완성된 잼에서도 비트의 붉은색은 많이 옅어졌습니다.

마지막으로 선택한 것이 냉동 라즈베리였습니다. 색도 잘 우러나오고, 먹고 싶을 만큼 빛깔도 유려하고 맛을 해치지 않아 굉장히 이상적인 궁합이었습니다.

두 번째 난관은 농도. 과일이나 채소가 아닌 막걸리, 그중에서도 병 속에 내려앉은 농도 있는 막걸리를 사용해서 만들다 보니 일정한 농도를 유지하기가 쉽지 않았습니다. 잼이 너무 묽거나 너무 딱딱해지는 일이 많았습니다. 수많은 퀘스트를 하다가 중요한 사실을 깨닫게 되었습니다. 소량의 막걸리잼을 만들면서 주걱으로 바닥을 긁다가 알게 되었는데요, 일정 농도가 생기면 주걱 긁는 소리가 달라지더라고요. 글로 표현하기는 어려운데, "보글보글"하던 소리가 "지지직"으로 바뀌는 시점이라고 할까요? 소리만 듣고 감각적으로 농도를 잡고 당도계를 측정해보니 66brix 정도 수치가 나왔습니다. 이후 만들면서 66brix로 당도가 나올 때까지 가열을 했습니다.

막걸리잼은 막걸리를 가열해야 하는데, 막걸리 특유의 향이 느껴집니다. 술을 좋아하지 않는 분이나 냄새에 민감한 분들은 이 냄새가 부담스러울 수도 있습니다. 때문에 저는 가급적 환기가 잘되는 곳에서 조금씩만 만드시길 권합니다. 하지만 막걸리잼을 완성하고 나서 맛을 보면 이색적인 맛을 느끼실 겁니다. 술을 좋아하지 않으면서도 술빵을 좋아하시는 분들이 있으시죠? 간혹 술빵이 생각나기도 하고요. 이럴 때 가까운 빵집에서 식빵을 사다가 막걸리잼을 발라서 드셔보세요. 술빵과는 다른 또다른 막걸리의 풍미를 느낄 수 있습니다.

자! 이제 막걸리잼 만들기를 시작해볼께요.

making
Rice-wine Jam

재료		
제주막걸리(걸쭉한 아랫부분)	200g	
프락토올리고당	200g	
냉동 라즈베리	10~15알	
레몬주스	5g	
펙틴	6g	

(잼의 양: 300g, 당도: 66brix)

병 세척 및 건조

① 유리병을 깨끗이 씻고, 둥근 옆면이 바닥을 향하게 냄비에 넣은 다음 약 1~2cm 정도 물을 넣고 뚜껑을 닫습니다. **TIP** 유리병을 잘못 배치하면 병이 깨질 수도 있으니 주의하세요!(28쪽 참고)

② 약 2~3분간 끓여줍니다.

③ 냄비의 뚜껑을 열고 병을 꺼내 병 안쪽의 수분을 털어낸 다음 병목을 위로 향하게 하고 잘 말려줍니다.

재료 손질

① 제주막걸리 병의 내용물이 걸쭉하게 내려앉은 아랫부분 200g을 따로 담습니다. **TIP** 병을 따기 전에 절대 흔들지 않습니다. 병의 위에 있는 맑은 청주는 잼으로 만들기가 적절하지 못합니다.

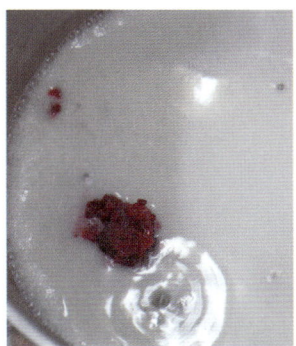

❶ 막걸리, 프락토올리고당, 라즈베리를 냄비에 넣고 센 불에 가열합니다.

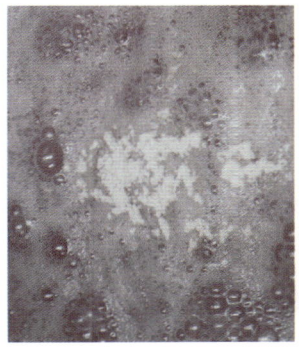

❷ 내용물이 끓기 시작하면 펙틴을 넣고 잘 풀어줍니다.

TIP 펙틴이 풀리지 않고 응고될 수 있습니다. 막걸리에 함유된 '산'에 의해 나타나는 현상으로 추측됩니다. 펙틴이 잘 풀리지 않으면 핸드믹서로 분쇄해주세요.

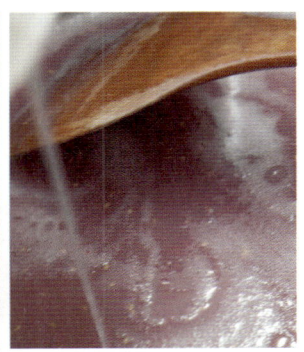

❸ 레몬주스를 첨가하고 센 불로 계속 가열하며 저어줍니다.

TIP 막걸리는 대부분 수분으로 구성되어 있어 빠른 시간 안에 수분을 날려주는 것이 중요합니다. 가열시간이 길어지면 잡맛이 들 수 있기 때문에 센 불을 사용하고 주걱을 빠른 속도로 잘 저어줘야 합니다.

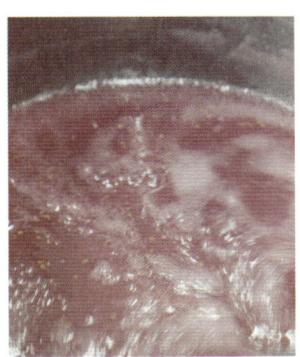

❹ 거품이 커지고 두꺼워지거나 당도계 기준 66brix에 도달하면 가열을 멈춥니다.

TIP 끓는 소리가 달라지는 시점에서 불을 꺼주세요

병에 넣어 보관하기

① 만들어진 잼은 건조된 병에 곧바로 넣습니다.

　　병목과 몸통 사이의 경계선에 맞춰서 담습니다.

② 잼을 병에 넣는 도중 병목이나 병 바깥쪽에 묻은 잼은 행주로 깨끗이 닦아냅니다.

③ 잼을 다 넣은 다음 재빨리 뚜껑을 닫습니다. **TIP** 잼의 온도가 떨어지기 전에 뚜껑을 닫아야 진

　　공 상태가 유지됩니다. 뚜껑을 바로 닫으면 안쪽에 이슬처럼 수분이 고이는데, 1~3일 안에 수분은 잼에

　　흡수되기 때문에 미생물이 번식할 염려는 하지 않아도 됩니다.

살균하기

살균은 30쪽을 참고하세요.

냉각 및 진공 확인

① 잼 병은 실온에서 식혔다가 30도까지 온도가 떨어지면 차가운 물에 담습니다.

② 병뚜껑에 진공 상태가 잡힌 것을 확인(뽕뽕 소리가 납니다)한 다음 병을 꺼냅니다.

품질유지기한 및 보관방법

본 레시피의 막걸리잼은(66brix 이상의 당도를 기준으로) 3개월 이상 보존이 가능합니다. 하지
만 맛을 일관적으로 유지하기 위해서 개봉하기 전이라 하더라도 냉장고에서 보관해야 합니
다.(뚜껑을 개봉한 이후에는 공기가 유입되어 보존기간이 급격하게 줄어듭니다.)

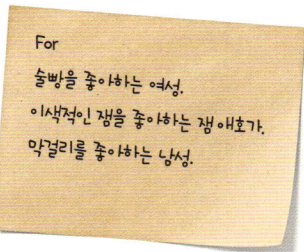

For
술빵을 좋아하는 여성.
이색적인 잼을 좋아하는 잼애호가.
막걸리를 좋아하는 남성.

enjoying
Rice-wine Jam

1. 빵과 크래커에 바르면 막걸리 고유의 맛과 향을 음미할 수 있습니다! 특히 식빵에 바르면 술빵과 같은 특유의 향미를 느낄 수 있습니다.

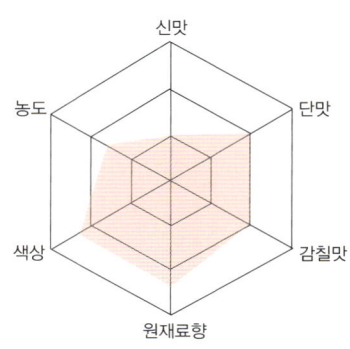

taste of
Rice-wine Jam

신맛 막걸리 자체에 신맛이 있고, 첨가한 레몬주스의 신맛도 있지만 기본 당도가 높아 신맛이 잘 느껴지지 않습니다.

단맛 원재료 함량 대비 당의 투입비율이 높아 단맛이 많이 느껴집니다.

감칠맛 막걸리 특유의 향이 있어 감칠맛이 느껴집니다. 하지만 가열할 때 나타나는 특유의 향은 취향에 따라 느낌이 다를 수 있습니다.

원재료향 막걸리 자체 향이 강해서 잼으로 만든 후에도 충분히 향을 느낄 수 있습니다.

색상 냉동 라즈베리를 첨가하여 핑크빛을 띠어 입맛을 돋웁니다.

농도 다른 잼에 비해 약간 묽은 편입니다.

신맛

농도 　　　 단맛

색상 　　　 감칠맛

원재료향

미역잼

제가 제주도에서 수제잼 전문점을 열 즈음, 가까운 곳에서 게스트하우스가 문을 열었습니다. 첫걸음을 뗀 시점도 비슷하고, 서로 알게 되어 도움을 주고받는 사이 형, 아우라고 할 정도로 친숙해졌습니다. 어느 날 아침, 게스트하우스의 형님이 전화를 주셨습니다.

"아침밥이나 같이 먹자!"

저는 원래 아침식사를 잘 먹지 않지만, 형님의 전화가 와서 별생각 없이 게스트하우스를 찾아갔지요. 형님은 생일 축하한다며 쇠고기가 들어간 미역국을 한 그릇 제 앞에 놓아주시더군요. 저조차 오늘이 생일인 걸 감쪽같이 모르고 있는데, 이웃사촌인 형님이 챙겨주신 겁니다. 이루 말할 수 없는 감동을 느끼며 밥을 먹기 시작했습니다. 그날따라 미역국이 어찌나 맛있던지요. 그와 동시에 머릿속에서 번뜩이는 생각.

'미역으로 잼을 만들 수 있지 않을까?'

집에 돌아가자마자 곧바로 저는 미역으로 잼을 만들기 시작했습니다. 아침부터 이리저리 궁리를 한 덕인지, 운 좋게도 그날 바로 미역잼을 만들 수 있었습니다. 그 덕에 재미있게도 미역잼은 저와 생일이 같습니다.

미역잼은 미역이 지닌 고유의 비린 맛을 어떻게 잡느냐가 관건이었습니다. 실제로 만든 걸 보고, 맛을 보신 분들 중에는 미역은 어지간해선 비린 맛을 없앨 수 없는데, 어떻게 잡았느냐고 의아해하시는 분들이 많더라고요. 제가 선택한 것은 계피가루와 맥주입니다. 이 두 가지 재료가 첨가된 미역잼은 어린이부터 30대 중반까지 호불호가 확실히 갈리더군요. 하지만 30대 중반부터는 대부분이 그 맛을 만족스러워합니다. 아무래도 계피향이 많이 느껴지기 때문에 계피를 싫어하는 젊은 층이 거부감을 느끼는 것 같습니다.

곧 소개할 미역잼의 레시피에는 맥주가 빠져 있습니다. 맥주를 첨가하면 맥주 자체의 향과 미역 그리고 계피가 어울려 오묘한 맛을 느낄 수 있지만, 맥주는 과도하게 거품을 유도해서 잼 만들기에 익숙하지 않은 분들이 조리를 하다가 냄비에서 내용물이 넘치는 등 돌발 상황을 맞닥트릴 수 있습니다. 여러분께 맥주 없는 레시피를 알려드리겠습니다.

SEAWEED

making
Seaweed Jam

재료

말린 미역	50g
프락토올리고당	250g
계피가루	4g
레몬주스	3g
펙틴	2g

(잼의 양: 180g, 당도: 78brix)

병 세척 및 건조

① 유리병을 깨끗이 씻고, 둥근 옆면이 바닥을 향하게 냄비에 넣은 다음 약 1~2cm 정도 물을 넣고 뚜껑을 닫습니다. **TIP** 유리병을 잘못 배치하면 병이 깨질 수도 있으니 주의하세요!(28쪽 참고)

② 약 2~3분간 끓여줍니다.

③ 냄비의 뚜껑을 열고 병을 꺼내 병 안쪽의 수분을 털어낸 다음 병목을 위로 향하게 하고 잘 말려줍니다.

재료손질

① 말린 미역을 뜨거운 물에 약 5분간 불립니다. **TIP** 분쇄를 원활하게 하기 위해서 미역을 짧게 잘라주세요.

❶ 미역, 프락토올리고당, 레몬주스, 펙틴, 계피가루를 믹서에 넣고 완전히 분쇄합니다.

❷ 분쇄한 내용물을 냄비에 넣고 센 불로 가열합니다.

❸ 센 불로 계속 가열하며 젓습니다. 가열하는 동안 내용물이 냄비에 타지 않도록 빠른 속도로 젓습니다.

❹ 거품이 커지고 두꺼워지거나 당도계 기준 78brix에 도달하면 가열을 멈춥니다.

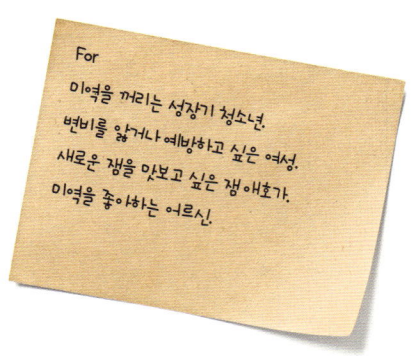

여기까지만 채워주세요!

병에 넣어 보관하기

① 만들어진 잼은 건조된 병에 곧바로 넣습니다.

　병목과 몸통 사이의 경계선에 맞춰서 담습니다.

② 잼을 병에 넣는 도중 병목이나 병 바깥쪽에 묻은 잼은 행주로 깨끗이 닦아냅니다.

③ 잼을 다 넣은 다음 재빨리 뚜껑을 닫습니다. **TIP** 잼의 온도가 떨어지기 전에 뚜껑을 닫아야 진

　공 상태가 유지됩니다. 뚜껑을 바로 닫으면 안쪽에 이슬처럼 수분이 고이는데, 1~3일 안에 수분은 잼에

　흡수되기 때문에 미생물이 번식할 염려는 하지 않아도 됩니다.

살균하기

살균은 30쪽을 참고하세요.

냉각 및 진공 확인

① 잼 병은 실온에서 식혔다가 30도까지 온도가 떨어지면 차가운 물에 담습니다.

② 병뚜껑에 진공 상태가 잡힌 것을 확인(뽕뽕 소리가 납니다)한 다음 병을 꺼냅니다.

품질유지기한 및 보관방법

본 레시피의 미역잼은(78brix 이상의 당도를 기준으로) 6개월 이상 보존이 가능합니다. 하지만

뚜껑이 개봉되는 시점부터 공기를 통해 미생물이 유입되어 변질될 수 있으므로 개봉 후에

는 반드시 냉장고에서 보관해야 합니다.

For

미역을 꺼리는 성장기 청소년.

변비를 앓거나 예방하고 싶은 여성.

새로운 잼을 맛보고 싶은 잼애호가.

미역을 좋아하는 어르신.

enjoying
Seaweed Jam

1. 빵이나 크래커에 발라서 드셔보세요.

taste of
Seaweed Jam

신맛 단맛과 계피향이 강한 잼으로 신맛은 많이 느껴지지 않습니다.

단맛 원재료 함량에 비해 당이 많이 투입되어 단맛이 많이 느껴집니다.

감칠맛 미역 자체가 지닌 감칠맛과 계피맛이 어우러져 감칠맛이 조금 강하게 느껴집니다.

원재료향 미역의 비린 맛을 잡아주는 계피의 향이 상대적으로 강해서 원재료인 미역의 향은
　　　　　약하게 느껴집니다.

색상 계피와 미역의 색이 섞여 진한 빛을 띱니다

농도 시중에 판매되는 잼과 비슷한 농도를 띠지만, 미역 자체에 끈기가 있어 약간 끈적한 느낌이
　　　　있습니다.

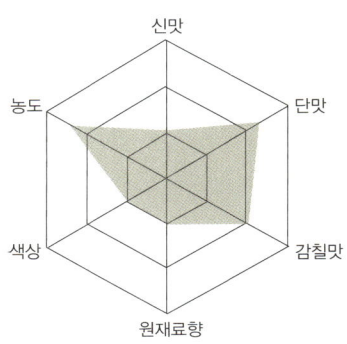

홍새우잼

수제잼 전문점을 운영하고 있던 어느 날이었습니다. 저희 매장은 관광객이 많이 찾는 제주도에 있다 보니 가족 단위로 잼을 구매하러 오시는 분들이 많습니다. 그날도 다른 날과 마찬가지로 가족 단위 관광객들이 찾아와 여러 가지 잼을 맛보고 있는데, 유독 한 가정의 아버님으로 보이는 남성분만 잼을 맛볼 생각 없이 서서 구경만 하고 계시는 겁니다.

제가 가볍게 시식을 권해보았더니 자기는 단 걸 좋아하지 않아서 잼을 별로 안 드신다고 하십니다. 그때 제 눈에는 그분의 손에 들려 있는 '새우깡'이 눈에 띄었습니다. 여러 다양한 잼을 보고도 아쉬움 없이 매장을 나가는 그분을 보며 문득 양파나 새우같은 재료로 짭조름한 잼을 만들면 어떨까 하는 생각이 들었습니다. 그렇게 해서 홍새우잼은 탄생하게 되었습니다.

새우도 해산물이다 보니 잼을 만들 때 비린 맛 때문에 이런저런 궁리를 해야 했습니다. 미역은 명함도 내밀지 못할 만큼 굉장히 비릿하더군요. 비릿한 것도 문제였지만, 새우 향을 충분히 살린 짭조름한 잼을 만들어야 하는 것도 큰 난관이었습니다. 미역의 비릿한 맛과 향을 잡을 때 썼던 계피는 짠맛과는 어울리지가 않아서 새로운 재료를 찾아야 했습니다.

제가 찾아낸 것은 산초였습니다. 산초는 매운탕을 끓이거나 추어탕을 만들 때 비린 맛을 잡아주는 용도로 사용된다는 점에 착안했습니다. 특유의 향이 있지만 계피와는 다르게 짠맛과도 어울릴 것 같았습니다.

잼을 만드는 과정에서 건새우를 삶아 물을 따르고 사용하는 방법과 건새우를 바로 분쇄하고 사용하는 방법 두 가지를 모두 테스트해보았습니다. 아무래도 새우는 비린 맛을 전부 없애기보다 어느 정도 유지하고 있어야 고유의 맛과 향을 살릴 수 있다는 판단이 들어 후자를 선택했습니다.

making
Shrimp Jam

재료

말린 홍새우	20g
프락토올리고당	250g
산초분말	1/3티스푼
레몬주스	2g
펙틴	2g

(잼의 양: 190g, 당도: 78brix)

병 세척 및 건조

① 유리병을 깨끗이 씻고, 둥근 옆면이 바닥을 향하게 냄비에 넣은 다음 약 1~2cm 정도 물을 넣고 뚜껑을 닫습니다. **TIP** 유리병을 잘못 배치하면 병이 깨질 수도 있으니 주의하세요!(28쪽 참고)

② 약 2~3분간 끓여줍니다.

③ 냄비의 뚜껑을 열고 병을 꺼내 병 안쪽의 수분을 털어낸 다음 병목을 위로 향하게 하고 잘 말려줍니다.

재료 손질

① 말린 홍새우와 펙틴을 믹서로 완전히 분쇄합니다. **TIP** 건조된 특성을 지닌 재료는 프락토올리고당과 함께 분쇄하면 잘 갈리지 않습니다.

198

❶ 분쇄한 홍새우, 프락토올리고당, 레몬 주스, 펙틴, 산초가루를 냄비에 넣고 센 불로 가열합니다.

❷ 센 불로 계속 가열하며 저어줍니다. 가열하는 동안 내용물이 한곳에 머물러 타지 않도록 천천히 저어줍니다.

TIP 잘 젓지 않으면 프락토올리고당이 타면서 엿맛이 발생하여 잼 맛에 우러나올 수 있습니다.

❸ 거품이 커지고 두꺼워지거나 당도계 기준 78brix에 도달하면 가열을 멈춥니다.

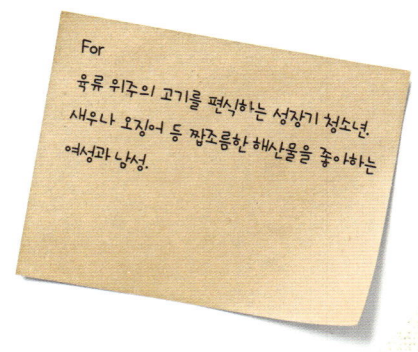

여기까지만
채워주세요!

병에 넣어 보관하기

① 만들어진 잼은 건조된 병에 곧바로 넣습니다.

　병목과 몸통 사이의 경계선에 맞춰서 담습니다.

② 잼을 병에 넣는 도중 병목이나 병 바깥쪽에 묻은 잼은 행주로 깨끗이 두아냅니다.

③ 잼을 다 넣은 다음 재빨리 뚜껑을 닫습니다. **TIP** 잼의 온도가 떨어지기 전에 뚜껑을 닫아야 진

　공 상태가 유지됩니다. 뚜껑을 바로 닫으면 안쪽에 이슬처럼 수분이 고이는데, 1~3일 안에 수분은 잼에

　흡수되기 때문에 미생물이 번식할 염려는 하지 않아도 됩니다.

살균하기

살균은 30쪽을 참고하세요.

냉각 및 진공 확인

① 잼 병은 실온에서 식혔다가 30도까지 온도가 떨어지면 차가운 물에 담습니다.

② 병뚜껑에 진공 상태가 잡힌 것을 확인(뽕뽕 소리가 납니다)한 다음 병을 꺼냅니다.

품질유지기한 및 보관방법

본 레시피의 홍새우잼은(78brix 이상의 당도를 기준으로) 6개월 이상 보존이 가능합니다. 하지

만 뚜껑이 개봉되는 시점부터 공기를 통해 미생물이 유입되어 변질될 수 있으므로 개봉 후

에는 반드시 냉장고에서 보관해야 합니다.

For

육류 위주의 고기를 편식하는 성장기 청소년.

새우나 오징어 등 짭조름한 해산물을 좋아하는

여성과 남성.

enjoying
Shrimp Jam

1. 빵과 크래커에 바르면 홍새우 고유의 맛과 향을 음미할 수 있습니다!

taste of
Shrimp Jam

신맛 단맛과 새우향이 강한 반면 신맛이 많이 느껴지지 않습니다.

단맛 원재료에 비해 당의 투입 비율이 높아 단맛이 많이 느껴집니다.

감칠맛 프락토올리고당이 짭조름한 맛과 섞여 감칠맛이 느껴집니다.

원재료향 산초나 프락토올리고당을 많이 함유하고 있지만, 홍새우가 지닌 향은 그대로 느낄 수

있습니다.

색상 홍새우의 붉은 빛이 바탕이 되어 산초가루와 새우의 흰 살이 오묘한 색상을 띱니다.

농도 시중에 판매되는 잼보다 약간 강한 편입니다.

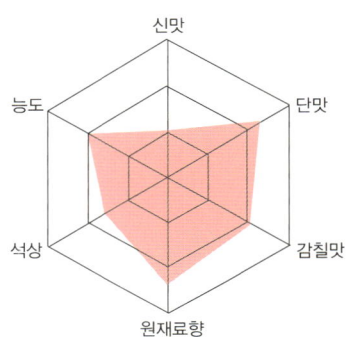

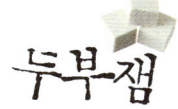

두부-잼

제가 운영하는 블로그에는 다양한 잼의 레시피가 공개되어 있습니다. 블로그를 찾아왔다가 의견을 남겨주시고, 잼에 대해 묻는 분들이 계십니다. 어느 날은 저와 가까운 이웃께서 질문을 주셨습니다. 친구가 '불쭈꾸미' 집을 열었는데, 매운 양념이 그 음식점의 컨셉이라고 합니다. 맵고 강한 맛을 좋아하는 고객들도 있지만, 너무 자극적이어서 잘 못 먹는 고객도 있다면서 혹시 매운 음식에도 소스처럼 쓰일 수 있는 잼이 없는지 문의하셨습니다. 이분은 제가 만든 잼이 단순히 빵이나 크래커에 발라 먹는 것이 아니라 음식을 요리할 때 활용할 수 있다는 점을 착안해서 물어보신 것이었습니다. 그 때문인지 이런 잼을 꼭 만들고 싶어지더라고요.

생각해보니 매운 쭈꾸미를 먹을 때 나오는 소스들은 짠맛과 매운맛, 단맛으로 만들어진다는 것이 떠오르더군요. 그렇다면 '매운맛을 잡아주는 담백하고 고소한 맛'이 필요한 것인데, 분명 잼으로 이런 맛은 만들 수 있을 것 같은 자신감이 들었습니다.

재료를 잘 찾아야 한다는 생각이 들었는데, 재료에 대한 고민은 너무도 쉽게 해결됐습니다. 곧바로 머릿속에 식재료가 떠올랐거든요. 그것은 바로 두부였습니다.

하지만 '두부는 단백질 성분이 풍부하고 변질되기 쉬운데, 잼으로 만들어도 괜찮을까' 하는 고민에 빠졌습니다. 그러다가 문득 떠오른 것이 제주의 특산품인 '꿩엿'이었습니다. 꿩엿은 좁쌀감주에 꿩고기를 넣고 고아서 만든 것인데, 오래 두고 먹어도 상하지 않습니다. 그 이유는 바로 당도 때문입니다.

두부잼도 단백질 성분이 첨가되지만 일정한 당도를 유지할 수 있다면 잼이 상하지 않을 거란 생각이 들었습니다. 일반 과일잼에 비해 더 많은 프락토올리고당을 첨가하고, 더 많은 산을 첨가하는 방법으로 두부잼을 만들었습니다. 기대한 대로 매운맛을 잡아주고, 담백하고 고소한 맛을 느낄 수 있었습니다. 소스로 활용이 가능하지만, 빵이나 크래커에 발라 먹어도 잼의 역할도 충분히 할 수 있어 저 또한 잼을 만든 보람을 느꼈답니다.

making
Tofu Jam

재료

두부(부침용)	100g
프락토올리고당	200g
레몬주스	6g
펙틴	1.5g

(잼의 양: 220g, 당도: 66brix)

병 세척 및 건조

① 유리병을 깨끗이 씻고, 둥근 옆면이 바닥을 향하게 냄비에 넣은 다음 약 1~2cm 정도 물을 넣고 뚜껑을 닫습니다. **TIP** 유리병을 잘못 배치하면 병이 깨질 수도 있으니 주의하세요!(28쪽 참고)

② 약 2~3분간 끓여줍니다.

③ 냄비의 뚜껑을 열고 병을 꺼내 병 안쪽의 수분을 털어낸 다음 병목을 위로 향하게 하고 잘 말려줍니다.

재료손질

① 별도로 손질할 필요가 없습니다.

❶ 두부, 프락토올리고당, 펙틴을 냄비에 넣고 센 불로 가열합니다. 냄비의 테두리 부분이 살짝 끓어오르기 시작하면 불을 끄고 냄비를 기울여 핸드믹서로 내용물을 완전히 분쇄합니다.

TIP 펙틴은 처음부터 넣습니다. 프락토올리고당이 열을 받아 묽어지면 바로 핸드믹서로 완전히 분쇄할 수 있어 번거로움을 줄일 수 있기 때문입니다..

❷ 분쇄한 내용물에 레몬주스를 넣고 센 불로 가열합니다.

❸ 거품이 커지고 두꺼워지거나 당도계 기준 66brix에 도달하면 가열을 멈춥니다.

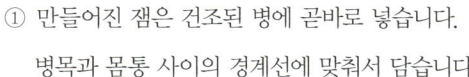

여기까지만 채워주세요!

병에 넣어 보관하기

① 만들어진 잼은 건조된 병에 곧바로 넣습니다.

　병목과 몸통 사이의 경계선에 맞춰서 담습니다.

② 잼을 병에 넣는 도중 병목이나 병 바깥쪽에 묻은 잼은 행주로 깨끗이 닦아냅니다.

③ 잼을 다 넣은 다음 재빨리 뚜껑을 닫습니다. **TIP** 잼의 온도가 떨어지기 전에 뚜껑을 닫아야 진

　공 상태가 유지됩니다. 뚜껑을 바로 닫으면 안쪽에 이슬처럼 수분이 고이는데, 1~3일 안에 수분은 잼에

　흡수되기 때문에 미생물이 번식할 염려는 하지 않아도 됩니다.

살균하기

살균은 30쪽을 참고하세요.

냉각 및 진공 확인

① 잼 병은 실온에서 식혔다가 30도까지 온도가 떨어지면 차가운 물에 담습니다.

② 병뚜껑에 진공 상태가 잡힌 것을 확인(뽕뽕 소리가 납니다)한 다음 병을 꺼냅니다.

품질유지기한 및 보관방법

본 레시피의 두부잼은(66brix 이상의 당도를 기준으로) 3개월 이상 보존이 가능합니다. 하지만
뚜껑이 개봉되는 시점부터 공기를 통해 미생물이 유입되어 변질될 수 있으므로 개봉 후에
는 반드시 냉장고에서 보관해야 합니다.

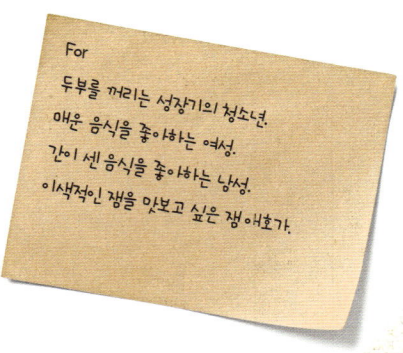

For
두부를 꺼리는 성장기의 청소년.
매운 음식을 좋아하는 여성.
간이 센 음식을 좋아하는 남성.
이색적인 잼을 맛보고 싶은 잼애호가.

enjoying
Tofu Jam

1. 빵과 크래커에 바르면 두부 고유의 맛과 향을 음미할 수 있습니다!
2. 쭈꾸미볶음, 해물볶음 등 매운 음식에 곁들이면 깔끔하면서 달콤한 맛이 살아나 최고의 풍미를 느낄 수 있습니다.

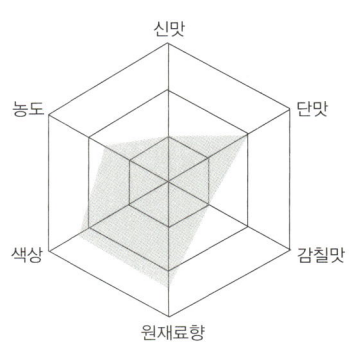

taste of
Tofu Jam

신맛 두부의 담백한 맛에 가려 신맛은 많이 느껴지지 않습니다.

단맛 원재료에 비해 당의 투입 비율이 높아 단맛이 많이 느껴집니다.

감칠맛 두부 자체의 향으로 담백하고 고소한 맛은 강하지만, 감칠맛은 강하지 않습니다.

원재료향 두부 자체의 향을 충분하게 느낄 수 있습니다.

색상 두부의 흰색이 그대로 살아 있어 식감을 자극합니다.

농도 시중에 판매되는 잼에 비해 약간 묽은 편입니다.

신맛
단맛
감칠맛
원재료향
색상
농도

SPECIAL
JAM

홍합잼

여러분은 제주 하면 어떤 이미지가 그려지나요? 강렬한 태양과 한라산과 만장굴 그리고 크고 작은 오름으로 이어진 자연 경관이 떠오르지 않나요? 제주만큼 원시 그대로의 자연을 유지하고 있는 곳은 드물 것 같습니다. 그 때문인지 제주의 농수산물은 '청정'의 이미지를 품고 있습니다.

설탕 없이 만드는 제 잼에도 이미지가 잘 맞는 것 같아 저도 제주에서 생산되는 농수산물 중에 잼으로 만들 만한 재료를 알아보기 위해 농수산물 유통업체를 찾아다녔습니다. 어느 업체의 사장님을 만나 제가 다양한 식재료로 잼을 만들고 있다는 걸 이야기했습니다. 그랬더니 그분이 "그럼 생선이나 홍합 같은 것도 잼으로 만들 수 있습니까?" 하고 물으시더라고요. 그 말을 듣는 순간, 생선은 무리겠지만 홍합은 한번 도전해보고 싶은 생각이 들었습니다. 홍합은 달큰하면서도 짭조름한 맛이 반찬으로도 잘 어울리는데, 홍합의 특성을 살린 잼을 만들면 밥하고도 잘 어울리지 않을까 싶었습니다.

홍합잼에 대한 아이디어는 떠올랐지만, 홍합을 손질하는 법조차 몰라 처음에는 시행착오를 많이 겪었습니다. 무작정 시장에서 생홍합을 사서 테스트를 해보다가 말린 홍합으로 만드는 것이 훨씬 편리하다는 것을 알게 되었습니다. 물에 불려도 보고, 삶아도 보고, 쪄보기도 하면서 만들다 보니 홍합으로 만든 레시피가 10개가 넘게 되었습니다. 이 중 단맛, 짠맛, 홍합 특유의 맛과 식감을 살릴 수 있는 레시피를 선택해서 홍합잼을 완성하게 됐습니다.

MUSSEL

making
Mussel Jam

SPECIAL
JAM

재료

말린홍합	50g
프락토올리고당	230g
간장	40g
레몬주스	10g
펙틴	4g

(잼의 양: 170g, 당도: 79brix)

병 세척 및 건조

① 유리병을 깨끗이 씻고, 둥근 옆면이 바닥을 향하게 냄비에 넣은 다음 약 1~2cm 정도 물을 넣고 뚜껑을 닫습니다. **TIP** 유리병을 잘못 배치하면 병이 깨질 수도 있으니 주의하세요!(28쪽 참고)

② 약 2~3분간 끓여줍니다.

③ 냄비의 뚜껑을 열고 병을 꺼내 병 안쪽의 수분을 털어낸 다음 병목을 위로 향하게 하고 잘 말려줍니다.

재료손질

① 냄비에 홍합이 잠길 정도로 물을 넣고 끓입니다.

② 물이 끓기 시작하면 약 15분간 더 가열한 다음 홍합을 건져냅니다.

❶ 믹서에 홍합, 프락토올리고당, 간장, 레몬주스, 펙틴 등 모든 재료를 넣고 완전히 분쇄합니다.

❷ 분쇄된 내용물을 냄비에 넣고 가열합니다. 냄비의 테두리 부분이 살짝 끓어오르기 시작하면 불을 끄고 냄비를 기울여 핸드믹서로 내용물을 다시 한 번 분쇄합니다.

TIP 삶았지만 홍합은 아직 딱딱함이 덜 풀어져 분쇄가 덜된 부분이 있을 수 있습니다. 때문에 가열해 끓인 다음에 한 번 더 분쇄합니다.

❸ 분쇄를 마치고 다시 센 불로 가열합니다.

❹ 내용물이 걸쭉해지고, 거품이 커지고 두꺼워지거나 당도계 기준 79brix에 도달하면 가열을 덤춥니다.

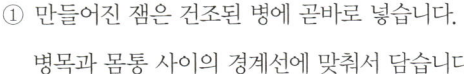

여기까지만
채워주세요!

병에 넣어 보관하기

① 만들어진 잼은 건조된 병에 곧바로 넣습니다.

　　병목과 몸통 사이의 경계선에 맞춰서 담습니다.

② 잼을 병에 넣는 도중 병목이나 병 바깥쪽에 묻은 잼은 행주로 깨끗이 닦아냅니다.

③ 잼을 다 넣은 다음 재빨리 뚜껑을 닫습니다. **TIP** 잼의 온도가 떨어지기 전에 뚜껑을 닫아야 진

　　공 상태가 유지됩니다. 뚜껑을 바로 닫으면 안쪽에 이슬처럼 수분이 고이는데, 1~3일 안에 수분은 잼에

　　흡수되기 때문에 미생물이 번식할 염려는 하지 않아도 됩니다.

살균하기

살균은 30쪽을 참고하세요.

냉각 및 진공 확인

① 잼 병은 실온에서 식혔다가 30도까지 온도가 떨어지면 차가운 물에 담습니다.

② 병뚜껑에 진공 상태가 잡힌 것을 확인(뽕뽕 소리가 납니다)한 다음 병을 꺼냅니다.

품질유지기한 및 보관방법

본 레시피의 홍합잼은(79brix 이상의 당도를 기준으로) 6개월 이상 보존이 가능합니다. 하지만
뚜껑이 개봉되는 시점부터 공기를 통해 미생물이 유입되어 변질될 수 있으므로 개봉 후에
는 반드시 냉장고에서 보관해야 합니다.

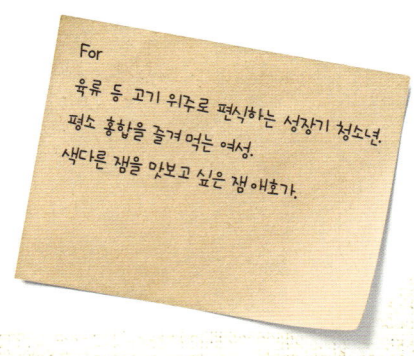

For
육류 등 고기 위주로 편식하는 성장기 청소년.
평소 홍합을 즐겨 먹는 여성.
색다른 잼을 맛보고 싶은 잼애호가.

enjoying
Mussel Jam

1. 빵과 크래커에 바르면 홍합 고유의 맛과 향을 음미할 수 있습니다!

2. 따뜻한 밥에 홍합잼을 비벼보세요. 이색적이면서도 독특한 풍미를 느낄 수 있습니다.

taste of
Mussel Jam

신맛 홍합 자체 향에 가려 신맛은 거의 느껴지지 않습니다.

단맛 원재료와 비교해서 당의 투입 비율이 높아 단맛이 많이 느껴집니다.

감칠맛 홍합 자체의 향 덕에 감칠맛이 뛰어납니다.

원재료향 홍합 자체의 향을 충분히 느낄 수 있습니다.

색상 홍합을 분쇄하면서 진한 갈색 빛을 띱니다.

농도 시중 잼에 비해 농도가 짙은 편입니다.

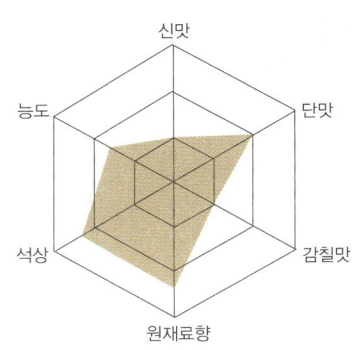

217

커피초코잼

요즘 창업시장에서 폭발적으로 성장하고 있는 분야가 바로 커피죠? 저 또한 커피를 참 좋아하는데요. 어찌 보면 커피를 좋아하고 즐기는 사람들이 그만큼 늘어났다는 증거가 아닐까 싶습니다. 제가 살고 있는 이곳, 제주에도 커피가 재배되고 있다면 믿으시겠어요?

몇 년 전 제주사람들이 모인 모임에서 우연히 커피를 연구하는 분을 뵌 적 있는데요. 제가 수제잼을 개발한다는 것을 알고 커피잼에 대해 문의를 해주신 적이 있습니다.

쓴맛의 커피로 단맛의 잼을 만든다? 하지만 문제는 의외로 간단하게 해결되었습니다. 정식 분류상으로 커피잼은 만들어내기 어렵지만 밀크스프레드를 기본 베이스로 잼을 만들면 생각보다 어렵지 않답니다. 커피로 잼 만드는 방법을 온라인상으로 이런저런 조사를 하던 중 '누텔라'라는 초코스프레드가 눈에 확 들어오더군요. 구매해서 맛을 보니 오묘한 맛이 느껴졌습니다. 곰곰이 음미해보니 그 맛의 정체는 커피와 초코 그리고 우유의 절묘한 조화였습니다.

펙틴을 사용하지 않는 대신 당과 밀크초콜릿의 양을 조절하며 어렵지 않게 맛은 잡았습니다. 하지만 잼을 안정적으로 만들기 위해서는 당도계로 완성 당도를 측정해야 하는데, 이 방법이 쉽지 않았습니다. 아무리 맛이 좋아도 농도가 묽어 우유와 층이 분리되었습니다. 제가 생각해낸 것은 완성된 커피초코잼을 한 방울 세라믹접시에 떨어트리고 식힌 다음 기울여보는 방법이었습니다. 당도계에 비해 원시적인 방법이지만, 당도계보다 정확하게 측정할 수 있었습니다.

커피, 밀크초콜릿 그리고 우유의 절묘한 조화로 인기 많은 커피초코잼. 그럼 지금부터 만들어볼까요?

COFFEE
CHOCOLATE

221

making
Coffee-chocolate Jam

재료

밀크초콜릿	150g
프락토올리고당	175g
우유	300g
커피	8g

(잼의 양: 200g)

병 세척 및 건조

① 유리병을 깨끗이 씻고, 둥근 옆면이 바닥을 향하게 냄비에 넣은 다음 약 1~2cm 정도 물을 넣고 뚜껑을 닫습니다. **TIP** 유리병을 잘못 배치하면 병이 깨질 수도 있으니 주의하세요!(28쪽 참고)

② 약 2~3분간 끓여줍니다.

③ 냄비의 뚜껑을 열고 병을 꺼내 병 안쪽의 수분을 털어낸 다음 병목을 위로 향하게 하고 잘 말려줍니다.

재료손질

별도로 손질할 필요가 없습니다.

❶ 우유와 프락토올리고당을 냄비에 넣고 가열합니다.

❷ 내용물이 끓기 시작하면 밀크초콜릿과 커피를 넣고 잘 녹여줍니다

❸ 취향에 따라 좀 더 강한 커피맛을 원한다면 커피의 양을 더 늘려줍니다.

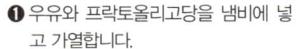

TIP 밀크초콜릿과 커피를 넣고 잘 저어주지 않으면 초콜릿이 냄비 바닥에 눌어붙어 타게됩니다. 때문에 초콜릿이 한 곳에 머물지 않게 충분히 잘 저어줘야 합니다.

❹ 내용물이 끓고 걸쭉해질 때까지 주걱으로 골고루 저어줍니다.

❺ 완성되기 직전의 거품은 쌀알 모양을 띕니다. 이 거품이 보이면 2~3분 정도 더 끓이면서 주걱으로 저어준 다음 내용물의 농도를 체크합니다.

❻ 내용물을 접시에 한 방울 떨어트리고 확인해봅니다. 내용물이 곧바로 흘러내리면 더 가열해야 합니다. 접시에 떨어진 모양을 유지하면서 그 자리에서 미끄러지듯 살짝 떨어지면 잼이 완성된 것입니다.

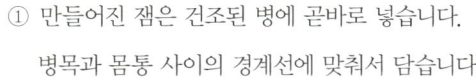

병에 넣어 보관하기

① 만들어진 잼은 건조된 병에 곧바로 넣습니다.

　병목과 몸통 사이의 경계선에 맞춰서 담습니다.

② 잼을 병에 넣는 도중 병목이나 병 바깥쪽에 묻은 잼은 행주로 깨끗이 닦아냅니다.

③ 잼을 다 넣은 다음 재빨리 뚜껑을 닫습니다. **TIP** 잼의 온도가 떨어지기 전에 뚜껑을 닫아야 진

　공 상태가 유지됩니다. 뚜껑을 바로 닫으면 안쪽에 이슬처럼 수분이 고이는데, 1~3일 안에 수분은 잼에

　흡수되기 때문에 미생물이 번식할 염려는 하지 않아도 됩니다.

살균하기

살균은 30쪽을 참고하세요.

냉각 및 진공 확인

① 잼 병은 실온에서 식혔다가 30도까지 온도가 떨어지면 차가운 물에 담습니다.

② 병뚜껑에 진공 상태가 잡힌 것을 확인(뽕뽕 소리가 납니다)한 다음 병을 꺼냅니다.

품질유지기한 및 보관방법

본 레시피의 커피초코잼은 3개월 이상 보존이 가능합니다. 하지만 뚜껑이 개봉되는 시점부

터 공기를 통해 미생물이 유입되어 변질될 수 있으므로 개봉 후에는 반드시 냉장고에서 보

관해야 합니다.

For

커피를 좋아하는 여성과 남성.

달콤한 초콜릿을 좋아하는 남성과 여성.

이색적인 잼을 맛보고 싶은 잼애호가.

enjoying
Coffee-chocolate Jam

1. 빵과 크래커에 바르면 커피와 초콜릿이 조화를 이룬 독특한 맛과 향을 음미할 수 있습니다!

taste of
Coffee-chocolate Jam

신맛 우유가 응고되는 것을 막기 위해 산을 첨가하지 않습니다. 때문에 신맛은 전혀 없습니다.

단맛 원재료 함량 대비 당의 투입비율이 높아 단맛이 많이 느껴집니다.

감칠맛 초코 자체의 향과 커피의 맛이 감칠맛을 살짝 유도합니다.

원재료향 기본적으로 밀크초콜릿으로 이루어져 있지만, 커피 향이 더해져 맛을 더욱 강하게 느

낄 수 있습니다.

색상 잼을 만들고 나서도 초콜릿 자체 색상이 살아 있습니다.

농도 충분하게 졸여주지 않으면 층이 분리될 수 있습니다. 정상적으로 잼이 만들어지면 농도가

진한 편입니다.

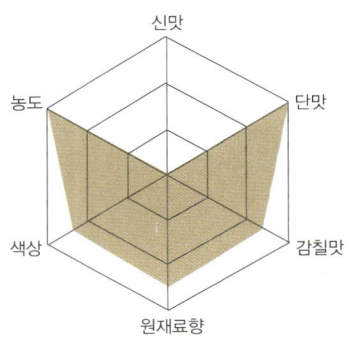

homemade jam